高等院校“十二五”应用型
艺术设计教育系列规划教材

景观设计

编 著：林 瑛

合肥工业大学出版社

图书在版编目（CIP）数据

景观设计/林瑛编著.—合肥：合肥工业大学出版社，2014.6（2017.7重印）
ISBN 978-7-5650-1826-8

Ⅰ.①景…　Ⅱ.①林…　Ⅲ.①景观设计-高等学校—教材　Ⅳ.①TU986.2

中国版本图书馆CIP数据核字（2014）第095055号

景 观 设 计

编　　著：林　瑛
责任编辑：王　磊
装帧设计：尉欣欣
技术编辑：程玉平
书　　名：景观设计
出　　版：合肥工业大学出版社
地　　址：合肥市屯溪路193号
邮　　编：230009
网　　址：www.hfutpress.com.cn
发　　行：全国新华书店
印　　刷：安徽联众印刷有限公司
开　　本：889mm × 1194mm　1/16
印　　张：8
字　　数：270千字
版　　次：2014年7月第1版
印　　次：2017年7月第3次印刷
标准书号：ISBN 978-7-5650-1826-8
定　　价：48.00元
发行部电话：0551-62903188

总序

ZONGXU

设计的关键在于创新，设计教育的目的之一是培养学生的创新能力。

江南大学设计学院是中国现代设计教育的主要发源地，是国内最早成立设计艺术学科的学院之一，是教育部工业设计专业教学指导分委员会副主任单位、教育部艺术类专业教学指导委员会委员单位、教育部艺术设计专业教学指导分委员会委员单位、中国高等教育学会设计专业委员会常务理事单位，设计与艺术博士、硕士培养部门，国家“211”重点建设学科，国家级艺术设计人才培养模式创新实验区，国家特色专业建设点，江苏省重点学科，江苏省品牌、特色专业，江苏省高等学校实验教学示范中心。艺术设计专业教学团队被评为国家级创新教学团队。江南大学设计学院作为中国设计教育改革的先导和示范学院，积淀深厚，是国内高层次设计与艺术人才教学和科研的重要基地，办学水平和整体实力在国内处于领先地位，在国际上具有一定的影响力。

在本科教学方面，江南大学设计学院一直致力于教学的改革与创新。建成了以连续三届国家级教学成果奖为主要标志的人才培养体系，教学成果显著。多年来本着“培养精英型设计人才，致力于研究性教学”的理念，以知识创新为引领，追踪国际艺术与设计专业前沿，注重对学生全球视野与创新能力的培养，注重对学生专业技能和综合素质的培养。特别是近年来，在本科教学中全面实行了“3+1”的教学模式和特色鲜明的工作室制，构建了多样化、弹性化、开放式的课程体系，形成了创新性、专业性、实效性为一体的“工作室制”，保证了个性化、多元化人才培养目标的实现。通过重构课程体系，改革教学方法，强化实践环节，优化评价体系，以培养具有自主学习能力、社会就业能力和创新精神的艺术设计人才；使学生的多种能力有了更进一步的提高，使得教学效果更加突出。学生在国内外重大的设计类竞赛中屡获大奖，特别是连连获得多项德国红点设计奖、德国IF设计奖等，在国内名列前茅。

卓越设计师丛书，是将在教学中不断探索的具有前瞻性的教学理念、教学方法、教学内容、教学手段和教改思路，通过教材的形式展示出来，起到一定的示范作用。教材的内容既符合课程自身要求，又与社会实际需要相结合，与当今人才培养的要求相适应，具有强烈的时代感、突出的创新性和可操作性，使教学成果能够获得广泛的应用和推广，为高等院校艺术设计专业的研究和设计提供有价值的参考依据，为设计类教学课程体系的改革发展作出贡献。

丛书的编著者均是一直从事基础和专业教学的中青年骨干教师。他们积极参与设计学科的建设和设计教学的改革，具有很强的超前意识和勇于创新、探索的精神，充满活力，有很强的进取心和丰富的教学、实践经验。

本系列教材主要解决的问题是针对目前我国艺术设计和工业设计教育的研究比较薄弱的现状，立足于设计教育教学的探讨，从教学的理念、方法、内容、手段等方面进行新的尝试和探索。

1. 培养学生对造型基础设计形态和形式的综合理解，以及对材料的运用能力，发挥他们在基础设计训练的过程中，对于视觉形态新的观察和思考，摆脱既有形式法则的束缚，达到自主地观察、研究造型艺术领域中的创造性艺术语言形式的目的，激发学生的潜在艺术素养与造型能力，提高他们在设计过程中创新的表达能力和思维视角。

2. 本系列教材解决的是学生专业技能的训练，但并不是传统的知识灌输，而是将设计课题置于应用实践过程中，从而逐步掌握专业基础知识。在培养创新型的专业人才的前提下，课题化教学过程的实施，将传统的以教为主的教学模式转化为以研究为主的互动教学。提高学生学习的主动性，培养学生研究和解决问题的创新意识、方法和能力。使他们挖掘自己的创造潜能，不仅在构思阶段需要创造性，在如何学习，如何获得资源、组织资源、管理团队等方面都需要创造性发挥。

3. 加强基础知识与专业知识融会贯通。面对未来社会需要，本系列教材加强与专业化方向学习的紧密联系。专业化方向学习的重点是如何将融通的专业基础学习知识运用于设计的专业化方向。其目的是让学生自主学习，独立思考，体验过程，使学生在解决问题的过程中学到知识与技能，并运用这些知识与技能从事开发性的设计工作。

4. 注重对新技术、新媒体的综合开发和运用。本系列教材将设计基础教学与新技术、新媒体的综合开发和运用相结合，为设计基础教学体系注入新鲜血液，探索用各种材料、多种表现手法、多媒体进行多层次的综合表现，开发新的组织构思方法。

5. 将传统美的培养方法与创造美的心智感化过程相结合，让学生从生活中去发现美、感受美，从而达到自觉进行美的知识训练，提高专业审美鉴赏力。本系列教材尝试构筑开放性的基础教学体系，加强多个层面造型要素与形式相互的延伸、渗透和交叉的训练，在认识造型规律的同时，进行形态的情理分析、意象思维训练和艺术感染力、审美意趣、精神内涵的表现，注重增强基础知识和专业知识的连贯性、延展性、共通性，使基础教学更具自觉性和目的性，在更广泛的领域中和更丰富的层次上培养学生对形态的创造能力和审美能力。

6. 在专业课程的教学中，通过对专业理论的系统性学习和研究，在设计实践中充分发挥设计的功能和媒介作用，体现人的心理情感和文化审美特征，尝试更丰富、更新颖的设计表现形式和方法，使专业设计更好地发挥作用，培养能够快速适应未来急剧变化社会的复合型人才；培养学生具备更为全面的综合素质，积极回应未来社会对于复合型人才的需要；注重学生的创新性思维和实际动手能力的培养，注重实践与理论的结合、传统与前沿的结合、课堂和社会的结合；重创意，重实践；培养学生从需求出发而不是从专业出发，从未来的需求出发而不是从满足当前的需求出发的思考方式；逐渐从应对设计人才培养转向开发型设计人才的培养，从就业型人才培养转向创业型设计人才的培养。

在本系列教材的编写中，把握艺术设计教育厚基础、宽口径的原则，力求在保证科学性、理论性和知识性的前提下，以鲜明的设计观点以及丰富、翔实的资料和图例，将设计基础的理论知识与设计应用实践相结合，使课程内容与社会实际需要相结合，与当今人才培养的要求相适应，既符合课程自身要求，又具有前瞻性内容。通过强烈的时代感和突出的实用性，使本系列教材具有可读性和可操作性。本系列教材将大量选用设计学院学生的优秀作品，并安排自由发想、草图方案和设计方案的创意，以及材料的加工制作，让读者清晰地了解造型设计的过程，从而获取更多的设计灵感。无论是从设计教育教学方面，还是从设计理论与研究方面来看都会有很好的市场价值。

这套系列教材应用范围广，可作为艺术设计、工业设计、环境设计、视觉传达设计、公共艺术设计、多媒体设计、广告学设计等专业的教材、教辅或设计理论研究、设计实践的参考书。对高等院校艺术设计专业师生的研究和设计提供有价值的参考依据，对于设计教育的改革与发展具有一定的参考和交流价值，对我国的设计教育有新的促进作用，起到抛砖引玉的效果。

设计改变生活，设计创造未来！

2014年初春

於无锡蠡湖

前言
FOREWORD

本书的写作是一个漫长的欢乐与痛苦交织的过程，从真正关注、研究景观至今，知识的积累已有12年时间，从最初单纯地热爱中国传统文化、传统园林，逐渐成长、成熟，成为一名景观传道者，并希望能同更多的诚如当年的我一样的学生们一起在这条道路上继续前进。

现代景观不仅是观赏游居等活动的承载器，其与传统园林的区别在于使用对象不再仅是少数文人士大夫、王公贵戚，关注问题不再仅是审美与享受，在科技手段、艺术理论方面突飞猛进的情况下，更多传达了一种对人的关怀和对自然的关怀，以及对于文化延续性的重视，现代景观是能够承担起改善人地关系重任、承托人类精神追求的系统。

本书通过对景观设计的概述、缘起与发展、理论与要素以及程序与方法的介绍，并通过大量学生作业的实例分析，探讨大专院校，尤其是环境艺术类院校的景观教学活动，希望能把对于景观理解的精髓贯彻到与现代人密切相关的城市景观设计之中，其研究的景观，是和我们城镇居民关系最为密切的城市景观系统，是城镇居民工作、生活、学习、娱乐的室外空间环境。

感谢我的学习阶段所有的老师同学，他们的谆谆教导与同舟共勉奠定了我的学问的基础，尤其是华中科技大学的李景奇教授、耿虹教授和已故的张承安教授，是他们将我引进景观之门，其思维方式与探索方法是我终生的财富。

感谢江南大学设计学院良好宽松的学术环境，感谢学院各位前辈同仁，尤其是建环学群的老师们，他们的督促与帮助伴随我的学问之路。

感谢我的数届景观艺术设计课程的学生们，是他们的不倦的学习过程和成果支撑了本书，尤其是书中学生作业的作者，为本书提供了直接的素材，不断完善了相关的教学体系。

最后感谢江南大学设计学院王安霞教授，是她的积极组织促成了本书的问世。

由于成书时间、本人学识及各种因素的限制，书中难免有错误和不当之处，望广大读者批评指正，希望本书抛砖引玉，能有更多人关注景观设计及其教学活动，希望更多的学生真正热爱景观设计，成为活跃在景观界的栋梁。

林　瑛

2014.7

目录

contents

第一章　景观设计概述

教学目的

了解景观设计的基本概念、内涵、分类、原则与形式

教学要点

景观的定义

景观设计的原则与形式

教学方法

课堂讲授

教学时数/总时数

4/60

图1-1 诗情画意的杭州西湖

"天下西湖三十六，就中之最数杭州。"杭州西湖之所以能牵动世人心弦，不仅仅在于她的湖光潋滟，她的山色空蒙，以及她的堤岛纵横，她的塔影绰约。西湖的美是动态的，苏堤的道是要春天探的；曲苑的荷是要夏天观的；平湖的月是要秋天赏的；断桥的雪是要冬天踏的。而且即便你只一季，只一天，只一个时辰，漫步西湖，你脚下的空间也在不断地变化着，或茂林修竹，或水云漠漠，空间忽大忽小，忽闭忽旷。尤其值得一提的是，西湖的山水，并不是干枯的画，平淡的诗，邈远悠久的历史渊源，丰富厚实的文化积淀，让人们在阅读这"地上文章"时，不觉多了份深沉的目光（图1–1）。这就是西湖的魅力。我们拥有历朝历代积淀而来的、最丰富的景观遗产。

图1-2 深圳红树林自然保护区——对生态的关注

图1-3 佩雷公园——对人的关注

随着时代的发展，技术条件实现了革命性突破的同时生态环境却在不断恶化，资源减少了、污染增加了，大地母亲在哭泣，当代人的生活方式、价值观念以及所面临的社会和环境的挑战，都需要有新的思考和对策。现代景观在此基础上应运而生。作为中国景观设计师，所有的一切都在时时刻刻提醒着我们已经不是仅仅欣赏"诗情画意"的时代了，我们应立足于优秀的园林传统，充分吸收国外先进的景观理念，设计具有时代精神、关注生态、关怀人文的场所空间。（图1–2，图1–3）

第一节　景观设计的概念和内涵

现代景观在传统园林的基础上进行了革命性的拓展。随着工业化的进程，我们正面临着前所未有的城市

化、生态与环境恶化、人地关系空前紧张的严峻局面，这是现代景观形成的社会与环境因素；我们的公众既不是满口之乎者也，听曲摇扇的文人士大夫，也不是莲步轻移、环佩叮当的小姐夫人，而是从20世纪四五十年代的老年人逐步过渡到70后、80后甚至90后、2010后等等各年龄阶层的市民，新一代的年轻人看不懂文言、听不懂京剧已是铮铮事实，这是现代景观发展的人文因素；我们的科技也不是路易十四那个时期的水平，现代科学、技术和材料为解决旧的和新的问题提供了前所未有的可能和途径，这是现代景观拓展的技术因素。同时，我们还有新的艺术可供借鉴和融入：现代主义、后现代主义的推陈出新，多媒体艺术的空前繁荣，都为其提供了创新的源泉，需要注意的是，不能让繁复的图案和空洞的符号主导我们的设计，这只会使我们所面临的问题越来越复杂。

由此可见，现代景观与传统园林的区别在于使用对象不再仅仅是少数文人士大夫、王公贵戚，关注问题不再仅仅是审美与享受，同时科技手段、艺术理论方面更是突飞猛进，关注生态、关注人文、关注社会，可持续发展是其不懈的追求。但是，这并不意味着我们要全部排斥古典的东西，中国园林传统源远流长，积累了丰富的审美经验与审美技法，值得我们继承与发扬。在研究景观设计之前，我们需要对景观的概念，以及本书所研究的景观范围作一个明确的界定。

一、景观

北京大学俞孔坚教授对于景观的定义是——景观（Landscape）：“是指土地及土地上的空间和物体所构成的综合体。它是复杂的自然过程和人类活动在大地上的烙印。景观是多种功能（过程）的载体，因而可被理解和表现为：作为视觉审美对象的风景；作为人类生产、生活的栖居地；一个具有结构、功能、内外联系的生态系统以及一种记载历史、传达情感、寄托希望的符号。”

由此可以看出，现代景观不仅仅是观赏游居等活动的承载器，更多的是传达了一种对人的关怀和对自然的关怀，以及对于文化延续性的重视，是能够承担起改善人地关系重任、承托人类精神追求的系统。而本书的目的是探讨大专院校，尤其是环境艺术类的景观教学活动，希望能把对于景观理解的精髓贯彻到与现代人密切相关的城市景观设计之中，其研究的景观，是和我们城镇居民关系最为密切的城市景观系统，是城镇居民工作、生活、学习、娱乐的室外空间环境。

二、景观设计学与景观设计

俞孔坚教授对于景观设计学的定义是——景观设计学（Landscape Architecture）：“是一门建立在自然、人文和艺术等学科的基础上，对景观进行全面而系统的分析和评价，或保护和恢复，或规划、设计和改造，并对其实施管理的科学和艺术，也是对土地及一切户外空间问题研究的学科。”

景观设计学与建筑学、城市规划、环境艺术等学科既有区别又有联系。

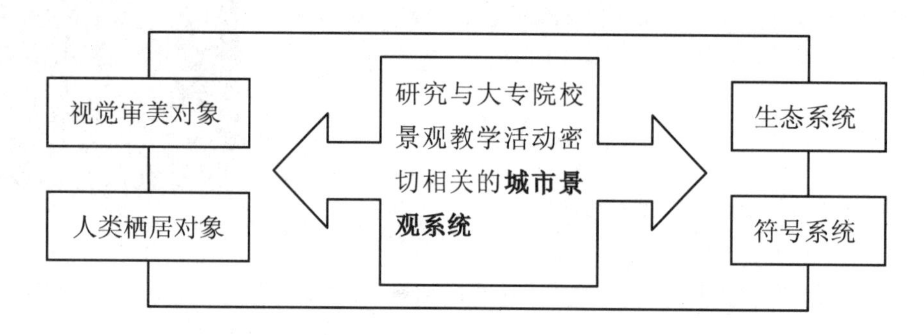

与建筑学的主要区别在于景观设计学的设计对象是土地和人类的户外空间，而建筑学的设计对象是城市构成的单体细胞，是人类工作、生活、学习、娱乐等活动发生的建筑空间。

与城市规划的主要区别在于景观设计学是协调人地关系、创造优美宜人的物质空间的规划和设计，而城市规划更偏向于关注城市总体格局的更新和社会经济的发展。

与环境艺术的主要区别在于景观设计学解决景观问题的途径是建立在科学理性的分析基础上的，而环境艺术更多表现为艺术灵感和艺术创造，环艺类景观教学活动要尽可能吸收两者的优势，良性发展。

根据解决问题的性质、内容和尺度的不同，景观设计学包含两个方向、两种尺度，即：景观规划（Landscape Planning）和景观的设计（Landscape Design）。前者是指在较大尺度范围内，基于对自然和人文过程的认识，协调人与自然关系的过程，是在最合适的地方安排最恰当的土地利用；而后者正是对这个小尺度的、特定的、“最合适”地方的详细设计。

本书所探讨的景观设计，是以环境艺术专业教学为依托，研究与城镇居民密切相关的、小尺度特定地域的景观设计，是建立在对当前的工业化、生态、文化等热点问题研究的基础上，深入细致地分析场地及场地周边状况，甚至其在更大范围内的定位，寻求解决生态、人文、艺术、经济等各种问题的对策，综合运用各种景观要素建构一个生态和谐、经济合理、文化承续、视觉愉悦、精神享受的可持续发展的空间境域。

三、景观设计师

景观设计师（Landscape designer）是以景观的规划设计为职业的专业人员，其称谓由美国景观设计之父老奥姆斯特德（Olmsted）于1858年开始使用，老奥姆斯特德坚持摈弃原来的称呼方式，代之用“景观设计师”这一称谓来定义景观从业人员，并不是简单的对称呼的改变，而是对该职业内涵和外延的一次意义深远的扩充和革新。

我们现今培养的景观设计师是一群在工业化、城市化、社会化和信息化等背景下的，建立在现代科学、技术、艺术的基础上的，综合研究视觉的、艺术的、生态的、人文的、地域的等各方面问题的景观专业规划与设计人员。而环境艺术类培养的则是更偏向于针对小尺度、特定地域设计的景观设计师。

第二节　景观设计的分类与原则

一、景观设计的分类

本书所探讨的是城镇特定地域内小尺度的景观设计，不同的分类标准导致了不同的分类结果，各种分类方法各有侧重，或有利于理论研究，或有利于要素设计，或有利于土地安排，细分如下：

1. 从景观的理论研究层面分：文化历史层面景观设计—环境生态层面景观设计—视觉感受层面景观设计

当然，实际的设计实践中，是没有绝对地将这三个方面截然分开的，只是针对不同的场地条件，每个设计可能会有所侧重。位于历史文化街区的场地或场地中存在历史遗迹等情况下的景观设计更多侧重于历史文化保护；而位于生态环境良好的境域或亟需生态修复的地块则更多侧重于生态环境保护；如果场地位于与市民关系密切的地带，而本身又不属于上述两种情况，则设计中往往更多侧重于给人舒适的享受。不同的场地，不同的具体情况有不同的要求（如图1–4，图1–5，图1–6）。这种分类有助于我们开展理论研究，指导景观设计。

2. 从景观要素的自然、人为属性分：硬质景观设计—软质景观设计

各景观场所都由不同的景观要素组成，按要素的自然、人为属性可将其分为硬质景观、软质景观，其中硬

图1-4 文化历史层面景观设计

图1-5 环境生态层面景观设计

图1-6 视觉感受层面景观设计

图1-7 城市景观

质景观是指各种景观要素以人工状态存在，包括各种形式的铺地广场、建筑、小品、设施等；软质景观是指各种景观要素以自然状态存在，包括树木、花草、水体、阳光、和风、细雨等等。这是一种比较抽象的分类方式，每个具体的景观设计都是由两者共同组成的，只是比例不同，这样分有利于我们详细深入地研究各种设计要素，更好地设计景观。

3. 从景观用地的特定所属性质分：居住区景观设计—城市广场景观设计—城市公园景观设计—城市特色街区景观设计—城市道路景观设计—其他

这是最常见的分类方式，在各种不同的场地中景观设计的侧重有所不同（如图1-7），例如居住区承载的是居民的日常活动，设计上安全、简洁、舒适是其目标，而特色街区则体现城市的风貌，设计手段多样，旗帜鲜明。即使同一类景观也会有差别，例如同是城市广场，市政广场要能承担市政活动，硬质铺装相应比重较高，简洁、严谨；商业广场热烈、亲切，以期形成良好的商业氛围；交通广场的设计围绕缓解交通压力展开，而文化娱乐广场则轻松、活泼、形式多样。在第五章中将详细介绍。

二、景观设计的原则

1. 以人为本原则

景观设计的目的更多是为人提供物质、精神生活的空间，提供一个由人表演的舞台（如图1-8），这里的人不仅是物理、生理学意义的人，更是社会的、有感情的、需求层次丰富的人，是处在特定文化环境中的人。以人为本是景观设计最基本、最重要的原则，我们要从生理层面、心理层面以及行为层面关注所有人的需求，包括广大的残疾朋友。

2. 生态优先原则

生态环境作为人类生活的背景为人类生存发展提供了丰富的养分，几千年的农业社会中人与自然一直和谐共处，但是工业革命以后随着机械化大生产的普及，在提高了生产力的同时也提升了破坏力，人向自然无休止的盲目索取使得人与自然的矛盾越来越尖锐，人类渴望接近自然、回归自然，而不是受到自然的报复，在生态环境日益恶化的今天，景观设计要担负起改善生态的重任。

3. 经济适用原则

当前的社会是集约化的社会，提倡以最少的投入获得尽可能大的产出，资源在消减，我们有责任有义务节约每一处资源。尽可能地利用原有地形稍加改造，少挖湖堆山；尽可能做到适地适树，使用管理简单又少维护的乡土树种，并培养经济林木以供观赏；尽可能多地为人考虑，为生态环境考虑，少设置耗时耗力且维护又不易的纯观赏景观等。值得注意的是，我们需要有一个准确的目标群体以及设计概念定位，而不是盲目“节约”。例如低收入群体的住区内更多

人是景观的使用者也是参与者

图1-8 人是景观参与者

需要实用的、活动的场所空间，而如果这种简单的设计理念引入别墅区则显然不合适。

4. 整体性与多元性原则

景观设计的整体性是指对各种实体要素的创造均要在统一的指挥棒下完成，从而形成完美、和谐的整体效果，没有对整体的控制与把握，再美的要素都只是一些支离破碎或自相矛盾的局部。景观设计的多元性是指设计中材质的多元、色彩的多元、风格的多元、功能的多元、空间的多元、时间的多元等等，典雅与古朴共存，简约与细致并行，理性与感性共生，只有多元性的景观才能让使用者有更大的选择余地和更全面的感受。整体性与多元性这对矛盾体共同指导景观设计，达到多样统一。（如图1–9）

5. 文化性与艺术性原则

文化性与艺术性是景观设计的主要特征之一，从某种意义上可以称之为景观的魂。其艺术特征一般表现为多样统一，比例与尺度，节奏与韵律，均衡与稳定等给人带来的流畅、自然、舒适、协调的感受以及各种精神需求的满足，而文化性是人们对于更高精神境界的追求，是对于根的追寻和对于全球化的应对等。一个缺乏文化与艺术的景观是不可想象的。（如图1–10）

图1~4 岛屿上的阳光、沙滩、巨石、椰树等共同构成场地的原始印象

图5~10 结合地形地貌，运用与场地契合的原始或稍加工的木材设计栈桥、平台、桌椅，甚至标志系统、旅店房门钥匙等，与此同时还运用仿木板材、原始麻绳等辅助材料与南国特有的植物共同完成场地环境设计

图11 蓝的天、灰的岩、绿的树掩映着一栋栋小房子，栈道蛇行，禽鱼翔泳

图1-9 整体性与多元性

图1-10 文化性与艺术性

第三节　景观设计的形式

一、景观设计的形式

1. 规则式景观设计

也叫整形式或者几何式。给人的感觉庄严、雄伟、整齐。具体又分为规则对称式和规则不对称式。规则对称式（如图1-11）由一条明显的轴线组织景观要素，从平面布局、立面造型到各景观要素等均按一定轴线关系严整对称；规则不对称式（如图1-12）则不要求轴线对称，但是仍然保持图案化的几何状组景。规则式景观设计具体表现如下：

（1）地貌水体：地貌多呈不同标高的平面或规整的坡面，水体岸线呈几何形，常以喷泉雕塑为水景主题；

（2）建筑设计：建筑单体甚至建筑群体多采取中轴对称或均衡对称的设计手法，形成轴线控制关系；

（3）道路广场：道路线形、广场轮廓均为几何形，铺装有序，并以对称的建筑或规则的植被围合；

（4）种植设计：以模纹花坛、花境、绿篱、绿墙、整形树木等为主，种植方式以图案式、行列式、对称式、矩阵式等为主，树木整形修剪以模拟几何体形和动物形态，如绿柱、绿门、绿亭和修剪成鸟兽等。

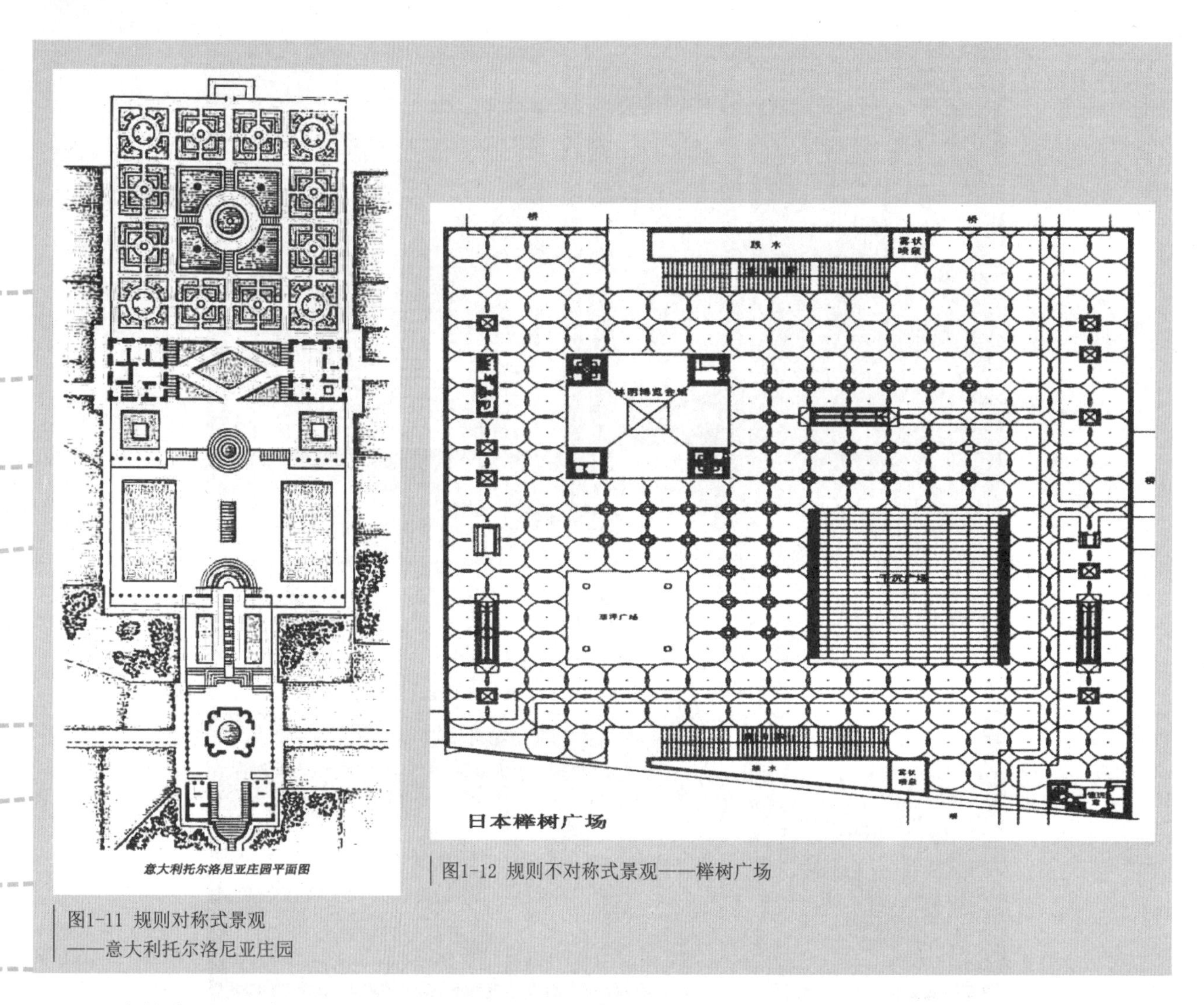

图1-11 规则对称式景观
——意大利托尔洛尼亚庄园

图1-12 规则不对称式景观——榉树广场

2. 自然式景观设计

也叫风景式或者不规则式（如图1-13）。给人的感觉自由、活泼、亲切。自然式要求整个平面布局、立面造型以及各景观要素均依势随形作自然状分布。其有两种方式，可依托天然地形地貌改造，彰显自然风致，典型如英国自然风景园；也可移天缩地于一园，用写意手法再现自然，典型如中国文人园。自然式景观设计具体表现如下：

（1）地貌水体：利用、完善、改造或模仿自然地形地貌和水体，自然山石驳岸或缓坡草地斜倾入水；

（2）建筑布局：个体建筑可对称设计，但建筑群体多依势随形，不对称也不成轴线控制关系；

（3）道路广场：道路线形、广场轮廓均为自然曲线，并以不对称的建筑群、地形、植被围合；

（4）种植设计：以反映自然界植物群落自然之美为主，种植方式以孤植、丛植、群植、林植等为主，以自然的树丛、树群、树带来划分和组织空间。树木以模拟自然界苍老的大树为主题。

3. 混合式景观设计

是规则式与自然式的结合，也是现在常用的一种设计方式（如图1-14）。一般在地貌创作、山水植物上采用自然式手法处理，而在主要建筑物、建筑群体、人流集中的构图中心以及出入口等地方往往采用规则式手法。混合式布局由于有多种布局手法存于一体，要注意多样统一规律，不要生硬地拼凑在一起，往往可以采用多种方式逐步过渡、三分之一原则（即景观整体三分之二的面积采用规则式或自然式，另外三分之一部分反之）、园中园等方式处理。

二、决定景观设计形式的因素

景观设计究竟采取哪种形式并不是臆想的结果，而是综合分析、吸纳各方面因素之后的选择，虽然这个选择并不绝对。综合起来有以下因素作用（如图1-15），各因素所占的比重则视具体情况而定。

1. 主题与功能

我们设计的景观在很大程度上被主题以及功能所左右。为儿童设计的场地尽可能自由活泼，纪念性场地则规则严谨，用切割的直线反映大工业时代的景观，用自由的曲线再现乡村情调。

2. 地形地貌

地形地貌对景观设计的形式起到了重要作用。平坦的地形发挥余地大，起伏的地形，尤其是丘陵山地，往往依山就势，成自然式布局，但是也有例外，例如纪念性景观则不然。

3. 设计师的艺术偏好

每个设计师都会有自己偏好的风格，例如有人喜欢规则整齐的树阵，有人喜欢自然活泼的树林，这种偏好会无形中影响设计的取向。

4. 大众喜好与社会需求

公共景观的设计是给大众用的，大众就拥有发言权，公众的喜好、需求是决定因素之一。

5. 业主的追求与喜好

私人景观的设计是给私人用的，业主就拥有发言权，业主的喜好、追求是决定因素之一。

6. 传统文化与艺术传统

中国几千年来被天人合一的自然观主导，崇尚自然式园林，西方由于数理几何的高度发达，曾一度偏好规则式风格，而伊斯兰传统则对于十字水庭十分青睐等等，虽然现代有所改变与融合，但仍是一个值得注意的因素。

7. 经济因素

不同的方案，不同的设计形式，耗费的资金不同，经济状况也是决定因素之一。

8. 其他因素

景观设计是一门综合的艺术，受多方面影响，比如突发因素、长官意识等等都能左右设计的形式。

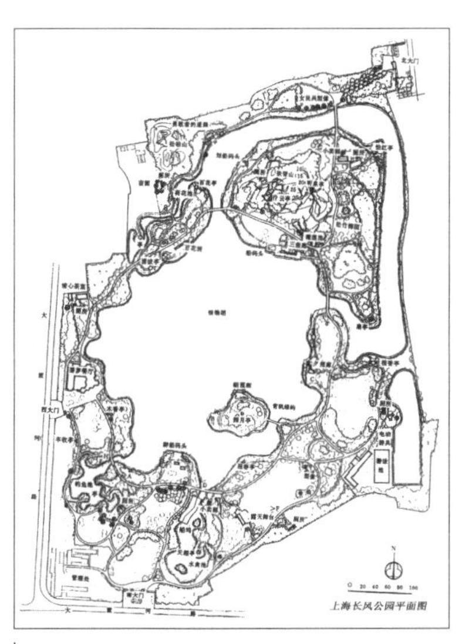

图1-13 自然式景观——上海长风公园

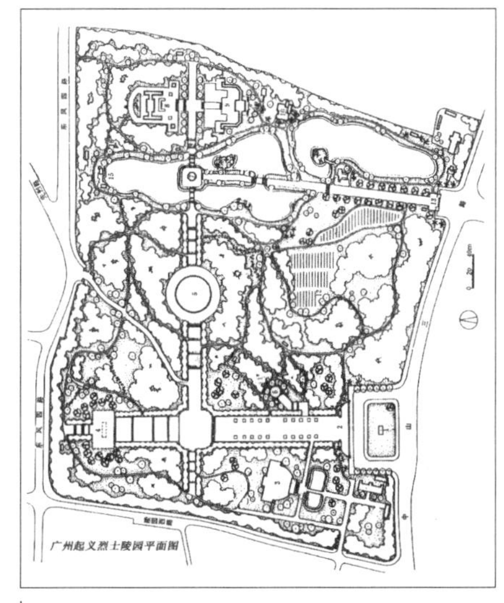

图1-14 混合式景观——广州起义烈士陵园

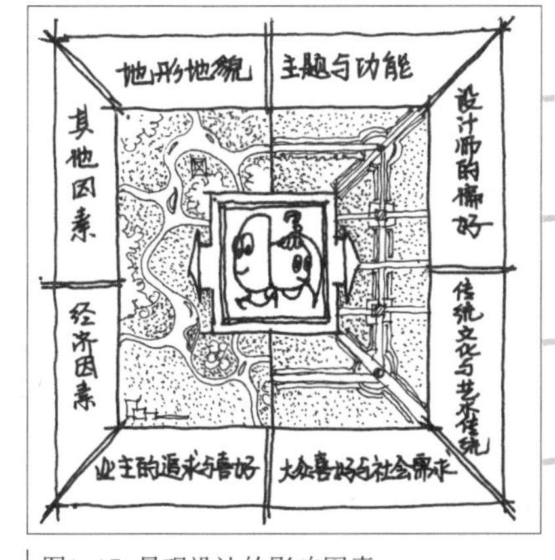

图1-15 景观设计的影响因素

第二章　景观设计的缘起与发展

教学目的

了解国内外传统的景观意识

了解现代景观设计的产生与发展

教学要点

中国传统的景观意识

国外传统的景观意识

现代景观设计的产生与发展

教学方法

课堂讲授/实地考查

教学时数/总时数

12/60

"景观"这种专业称呼出现之前，人们沉迷于"造园"。"园"字又写作"園"，意即在一个圈定的范围内，有土地、有水井还有两个人在劳作。由此可见，园子原来是一个从事与土地、水相关的生产劳作的场所。园林从某种意义上可以认为是景观的"前身"，传统的园林不能简单等同于现代"景观"，那时的社会只是具备了朦胧的"景观意识"，而这种意识多体现于审美与艺术等方面。

第一节　中国传统的景观意识

中国园林有着三千多年的历史，渊源深厚，萌芽于商周时代的帝王苑囿，秦汉时期就奠定了模仿自然的造园风格，魏晋南北朝时期的园林多寄情山水，唐宋时期诗词、书画等渗入园林造景，明清时期终于达到了辉煌的巅峰，皇家园林和私家园林都发展出各具特色的风格。

一、商周的"囿"——园林的雏形

中国园林最初的形式为"囿"，园林里的主要建筑为台。"囿"作为园林的雏形，就是在一定的地域范围内，让天然的植被和鸟兽滋生繁育，同时挖池筑台，供帝王贵族们狩猎和游乐。"囿"中除部分由人工建造外，大部分还是自然又朴素的，而"台"早期的功能则是对圣山的模拟，后来功能扩大，周围环境也进一步园林化。此外还有种植果木的"园"、种植蔬菜的"圃"等。这一时期园林主要承载了狩猎、通神、求仙、生产等繁杂的功能。君子比德、天人合一、神仙思想使得中国园林一开始就朝着自然的方向发展。如周文王的灵囿、灵沼、灵台，吴王夫差的姑苏台（如图2-1）等。

二、秦汉时的宫苑和私家园林

秦始皇结束了春秋战国以来中国长期分裂的政治局面，统一的集权政治催生了皇家园林这一宏大的园林类型，“经纬阴阳”、“体象天地”、“蕴涵万物”是这一时期皇家园林的典型特点。同时，由于以圣山为象征的“昆仑神话”向以海上仙山为蓝本的“蓬莱神话”的转移，使得“一池三山”的理水模式得以确立并延续。这一时期的私家园林从内容形式上都极力模仿皇家园林。秦汉建筑宫苑（如图2-2）和私家园林有一个共同的特点，即大量建筑与山水相结合布局，我国园林的这一传统特点至此奠定。历史上有名的宫苑有：“上林苑”、“建章宫”、“长乐宫”、“未央宫”等。

三、魏晋南北朝的自然山水园

这一时期的中国处于一种社会极度动荡、政治分裂、战乱频繁的状态，是继春秋战国之后的又一动乱期，但同时也是思想大解放的时期，老庄、儒学、佛学相结合产生了玄学，重清谈，人们崇尚自然、返璞归真，隐逸思想横行。为自然山水园（如图2-3）的兴盛提供了社会基础。这一时期造园活动普及民间，园林的经营完全转向以满足人的本性的物质享受和精神享受为主，并升华到艺术创作的新境界，是中国古典园林的转折期。皇家园林的狩猎、通神、求仙、生产的功能基本消失，游赏成为主要功能。私家园林异军突起，城市私园多为贵族经营，华靡斗富，如大官僚石崇的金谷园；而庄园别墅多为士大夫们归田园居的精神避所。寺观园林也兴起，由于大量舍宫为寺、舍宅为寺的传统将宫殿和宅院的环境带入寺庙，寺观园林不同于西方营造神秘的氛围，一开始就向着世俗化方向发展。

图2-1 姑苏台

图2-2 建筑宫苑

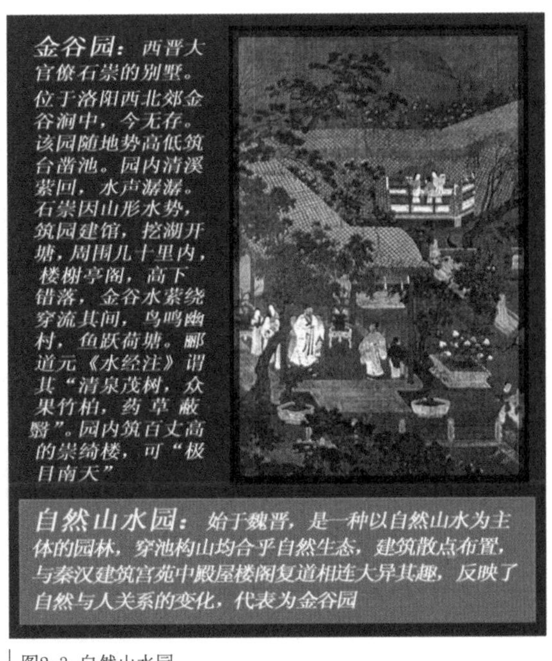

图2-3 自然山水园

四、隋、唐、宋宫苑与唐、宋写意山水园

久分必合。隋、唐是政治极度分裂后的又一次大统一，也是我国封建社会的极盛时期，皇家园林在这时有很大的发展，表现在规模、功能、内容、艺术形象等各方面，皇家气派已经完全形成。同时，由于南北文化的广泛交流，北方的宫苑也吸取南方自然山水园的风格，并向其演变，建筑密度逐渐减少，山水比重逐渐升高，成为山水建筑宫苑（如图2-4），后来又进一步演变为山水宫苑（如图2-5）。这个时期有很多著名的宫苑，如隋炀帝的西苑、宋徽宗的寿山艮岳等。

唐宋时期山水诗、山水画盛行，这必然影响到园林创作，文人画家参与造园，诗情画意写入园林，以景入画，以画设景，形成了“唐宋写意山水园”（如图2-6）的特色，刻意体现山水画所倡导的“竖画三寸当千仞之高，横墨数尺体百里之回”的意趣，园林意境由此开始形成。当时的园林由于建园条件不同，可以分为建于城郊依托自然山水的自然风景园和隐于闹市挖湖筑山的城市山林。唐宋写意山水园开创了我国园林的一代新风，它本于自然却高于自然，寓情于景、融景融情，极富诗情画意，其写意的风格为后代的明清园林，特别是江南私家园林所继承和发扬，成为我国园林的重要特点之一。如王维的辋川别业、苏舜钦的沧浪亭等。

这一时期寺庙园林普及，公共园林开始出现，但大多依托自然风景略加改造。

图2-4 山水建筑宫苑

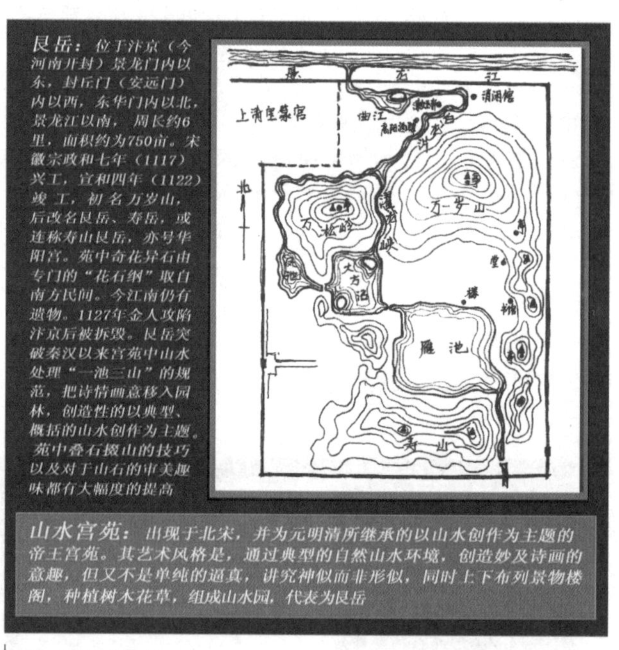

图2-5 山水宫苑

图2-6 写意山水园

图2-7 北京颐和园

图2-8 北京圆明园

图2-9 苏州拙政园

图2-10 苏州留园

图2-11 苏州狮子林

图2-12 苏州沧浪亭

图2-13 苏州网师园

图2-14 无锡寄畅园

图2-15 扬州个园

图2-16 扬州何园

图2-17 嘉兴烟雨楼

五、明清宫苑和江南私家园林

明代宫苑园林建造不多，风格较自然朴素，继承了北宋山水宫苑的传统。

清代是中国造园的又一高峰，宫苑园林一般建筑数量众多、尺度庞大、装饰豪华，布局多呈园中园形式，即使有山有水，仍注重园林建筑的主体控制作用，以体现帝王气魄。由于南北交流加深，不少园林造景热衷于模仿江南山水，吸取江南园林的特色和养分。代表作有北京西郊的三山五园（香山静宜园、玉泉山静明园、万寿山颐和园、畅春园、圆明园）以及承德避暑山庄等。

明清私家园林在前代的基础上有很大的发展。较有名的江南园林如苏州的拙政园（如图2-9）、留园（如图2-10）、狮子林（如图2-11）、沧浪亭（如图2-12）、网师园（如图2-13），无锡的寄畅园（如图2-14），扬州的个园（如图2-15）、何园（如图2-16），上海的豫园，南京的瞻园，常熟的燕园，南翔的古漪园，嘉定的秋霞圃，杭州的皋园、红栎山庄，嘉兴的烟雨楼（如图2-17），吴兴的潜园，等等。

园林地方风格繁荣，出现北方皇家园林、江南私家园林和岭南园林三大风格（如图2-18）对峙的局面，此外还有一些亚风格，如巴蜀园林、藏族园林等。同时，某些发达地区公共园林已经比较普遍。多利用自然山水，略加人工点染。西方园林风格开始进入中国，但大多只是猎奇，并未影响中国园林体系。

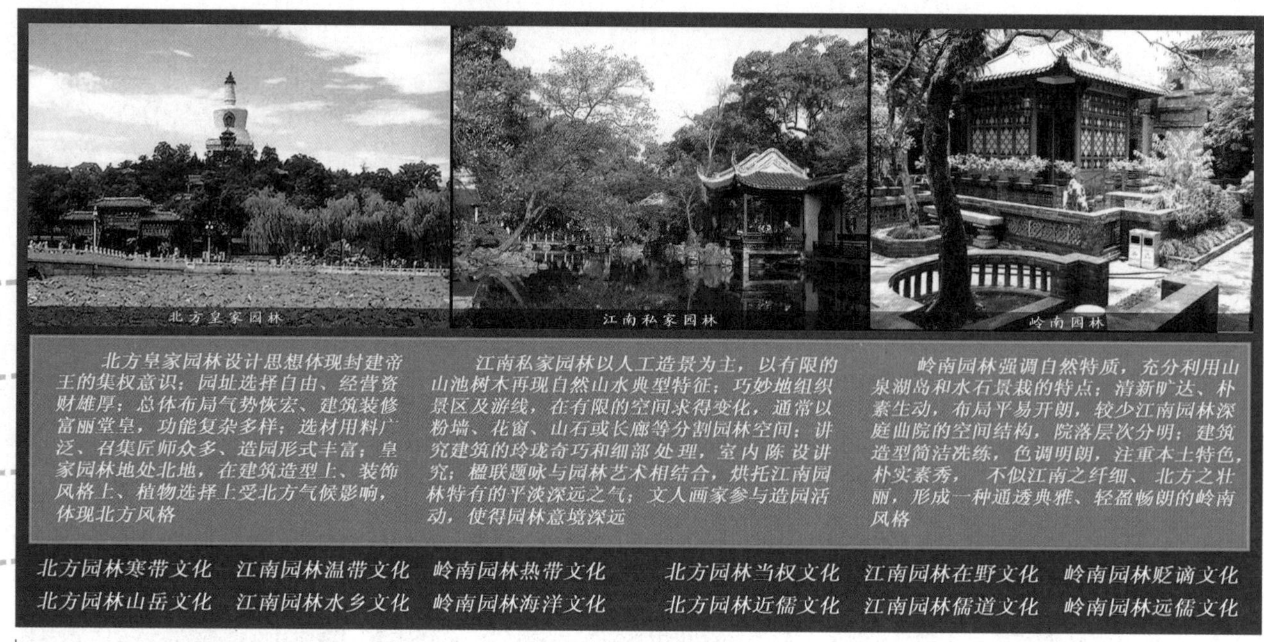

图2-18 中国古典园林三大风格

六、中国传统园林的特点

中国园林传统的特点是以自然式著称。虽然有南方园林与北方园林的差异，皇家宫苑与私家园林之不同，甚至还因少数民族地区等地方风格和民族风格而各有其特性，但是中国传统园林仍然具有统一的特点。

1. 本于自然，融诗词书画之长，高于自然

中国古典园林是自然式园林，本于自然，却高于自然。中国文人把书法、绘画的理论运用到造园之中，园林中的“景”，是将自然山水景物经过艺术提炼加工，再现于园林之中。“构天下胜地于一景，纳山川美景于一园”。大到布局，以画境构图，小到小品，凭入画取材。中国画构图章法，讲究有主有从、有开有合、有实有虚；中国园林，同样讲究有宾有主、有呼有应、有藏有露。至于小品，玲珑剔透的太湖石，虬枝龙钟的黄山松，自古以来为广大文人墨客所钟爱，同时也是构园要素之一。

诗文是中国园林仰仗的另一法宝，历来楹联题咏乃神来点睛之笔。温州江心寺联“云朝朝，朝朝潮，朝朝朝散；潮长长，长长长，长长长消”，生动地描绘了江心孤屿独坐江心，面对潮涨潮落、云起云消的闲适与韵致。瘦西湖小金山联“借取西湖一角，堪夸其瘦；移来金山半点，何昔乎小”传神再现了瘦西湖之于西湖、小金山之于金山的关系。现代景观，提联用得少了，但点景命名却一直延续下来。

2. 空间组景极尽设计之能事

中国园林常采取“欲扬先抑”的布局手法，在历代私家园林中刻意营造咫尺山林的氛围，经常运用含蓄曲折的空间组景手法。其典型为姑苏园林，极尽设计之能事，由一系列狭窄幽深的连廊屋宇导入，让人的感情得以蓄积，但并不是完全封闭，其间穿插或大或小，或明或暗的天井，院落空间，茂竹数根、芭蕉几许、湖石数片、春笋几茁，然后忽而路转，豁然开朗，水云漠漠，悉入眼底。由小入大，越发显得空间开阔，游人感情得以尽情释放。然后，又或一头扎进另一连廊，另一番天地，感情得以延伸，再释放……最终，弦尽乐止，余味无穷。而北方的皇家园林由于其壮阔，常常采用“园中园”的处理手法，“移天缩地于君怀”。

在空间组景中，中国先人们总结了一系列极其成功的造景手法（如图2-19），其中借景乃重要造景手段。借景，即把园外秀丽的景色组织到园内观赏视线中（如图2-20）。明代计成言：“园林巧于因借，精在

体宜。借者园虽别内外，得景则无拘远近，晴峦耸秀，绀宇凌空，极目所至，俗则屏之，佳则收之。”借景能扩大园林空间，丰富园林景色，而且不费一文。借景有远借、邻借、俯借、仰借、因时而借等等之分，此外框景、夹景、漏景、添景等等，都融入了中国人的景观意识。

中国园林的空间特质，还在于其连续性，移步易景。中国先人们发明了一种叫“散点透视”（如图2-21）的绘画方法，是假定画面景物是在人行进中的连续印象。园林中精心考虑游人的视点、视距、视角等观赏参数的随时变化，将之与空间景物巧妙结合，利用参差错落、穿插渗透的空间景物与曲折起伏、俯仰转折的游线，以期产生蒙太奇的效果（如图2-22，图2-23）。游人随时眼前一亮。正如著名诗句所云：“横看成岭侧成峰，远近高低各不同。”

图2-19 中国古典园林造景手法

图2-20　绝佳的借景

图2-21 散点透视——《清明上河图》

图2-22 连续展开的画面——深圳生态公园景观之一

图2-23 连续展开的画面——深圳生态公园景观之二

3. 建筑美与自然美的融合

中国园林中的建筑与西方园林不同，大多自然式布局，既是景点，也是观景点，正如伫立桥头、倚栏远眺的人，也许你早已成了别人眼中的风景。不同于法国古典园林中建筑对自然的控制，也不同于英国风景式园林中建筑对自然的退让，中国古典园林的建筑与自然的关系是亲和的，依势随形，巧于因借。同时，建筑形式多样（如图2-24），有宫、殿等皇家建筑形式，也有楼、馆等民间建筑；有厅、堂等大型建筑，也有轩、榭等小型建筑；有阁、塔等具有控制性、统帅性的建筑，也有亭、廊、桥、墙等十分精致的园林小景。园林建筑还可以组合，如扬州瘦西湖的五亭桥即是亭和桥的组合。不论哪种建筑大半与自然表现出极度的和谐。

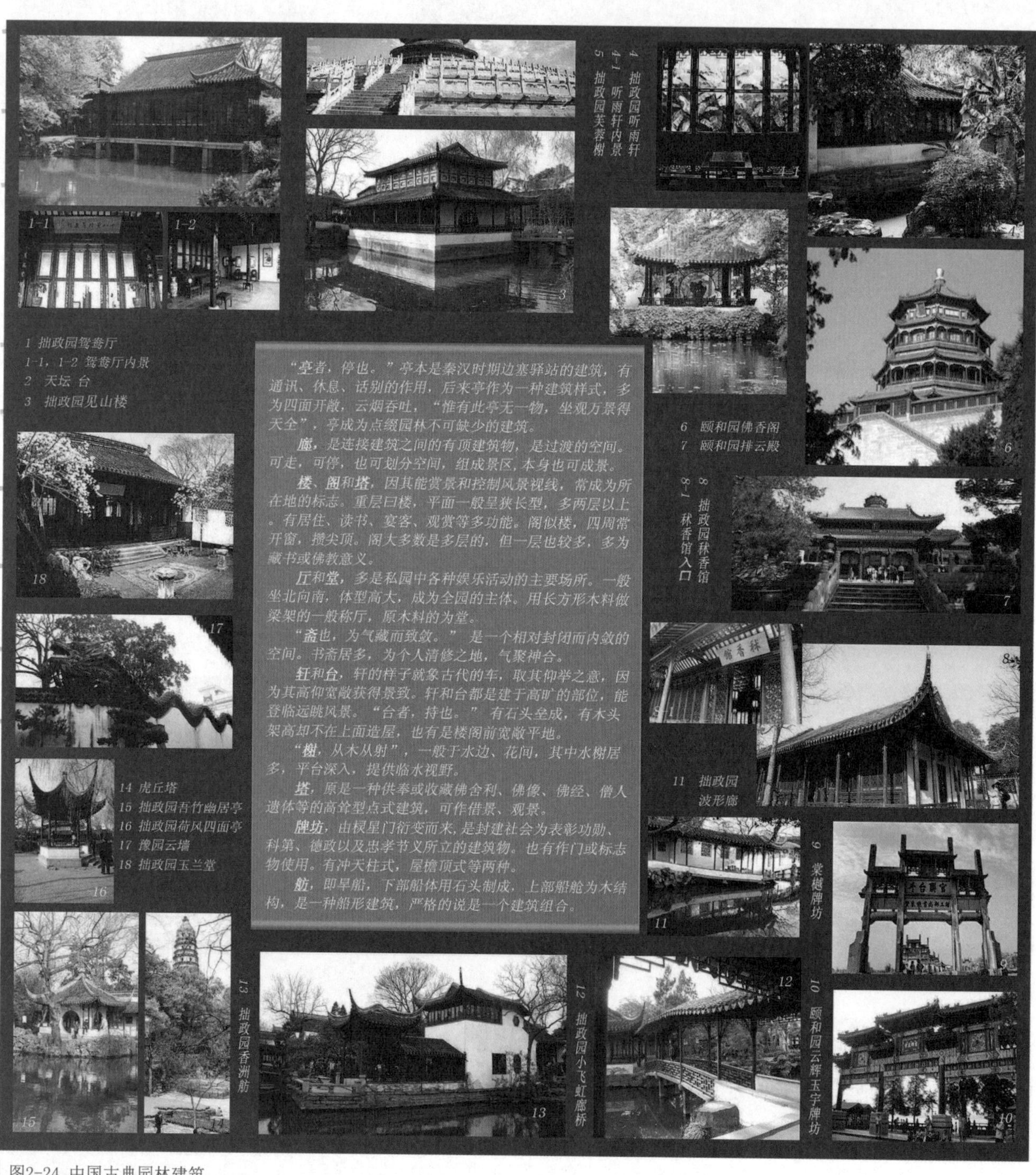

图2-24 中国古典园林建筑

图2-25 武大樱园景观

图2-27 法桐大道

图2-26 惠山寺景观

图2-28 意境

植物作为景观里体现自然美的重要构景元素，它的魅力不仅在于其优美的树冠，虬曲的枝干，也不仅在于丛植的郁郁葱葱，色泽丰富。时间，赋予了植物与众不同的韵致，这种韵致也装点了建筑。春天的樱花烂漫，为武大樱园宿舍增添了妩媚（如图2-25）；秋日的银杏满树金黄，为寺院平添了一份纯粹（如图2-26）；还有路边的法桐，春天新芽嫩绿，夏天叶色变得苍翠，秋风秋雨，吹皱了叶脉，也吹走了绿意，满树的叶子一天天变黄，变棕红，枯萎凋零，待到冬雪压境，压歪了枝条，也送走了枯叶，只落下满树虬枝傲雪（如图2-27）。当然，自然的美体现在方方面面，不仅仅是草木有情，山水有情，鸟兽有情，风月有情，处处留情。

4. 意境的蕴涵与表达

中国古典园林，创作中自觉或不自觉地赋予作品高层次的内涵，集中强烈反映了某种情感、意志或理念，但它又不是外向型的，而是含蓄地隐藏在每一个角落，称之为意境（如图2-28）。情在景外，尽得风流。这正是其有别于英国自然风景园的重要之处。

景观意境的创造主要通过实体形象让人产生某种类似的联想，如颐和园佛香阁与前山建筑群，犹如帝王与群臣；或通过气氛的营造感染游人，雨打芭蕉，梧叶知秋；或通过诗词题咏点景，以景名、对联、诗文、书画、碑碣、摩崖石刻等方式直抒胸臆，如扬州个园，“个”字点出以竹造景的特色。

5. 功能多样，大放异彩

中国古典园林自古以来即被赋予“可行、可观、可游、可居”的多重功能，这一片难得清净之地，草长莺飞，各种生灵和谐、和睦相处，成其为伯禽乐土，青山秀水地，品茗对弈，艺术魅力呈放异彩。

第二节 国外传统的景观意识

国外传统园林具有代表性的在西方表现为15世纪中叶意大利文艺复兴时期后的欧洲园林，包括意大利、法国和英国园林等，近代又出现了苏联和美国的园林；在东方，日本园林也颇具特色。它们在风格上各有千秋。

一、古埃及、古巴比伦、古希腊、古罗马庭园

古埃及在北非建立奴隶制国家。沙漠干旱缺水的严酷环境，使得以水和遮荫果木为特征的“绿洲”成为其景观的模拟对象。另外，尼罗河每年泛滥之后的土地丈量促进了几何学的发展，所以古埃及发展了一种世界上最早的规则式的庭院形式，高耸的围墙，成排的果木，方整规则的水池和水渠，房屋和树木都按几何形状加以安排。（如图2–29）

古巴比伦创造了世界七大奇迹之一的空中悬园，是最早的屋顶花园。（如图2–30）

古希腊由于其完善的自由民主政治带来了文化、科学、艺术的空前繁荣，园林建设也很兴盛。古希腊园林大体上可以分为三类：第一类是提供公共活动的园林（体育竞技场及其周边环境，开辟林荫道，林下设置座椅，形成装饰性水景，陈列体育竞赛优胜者的大理石雕像，此外还有音乐演奏台以及其他公共活动设施，人们来此观看体育活动、散步，甚至闲谈、游览、演说、辩论等。除此之外，还有学园，如柏拉图的学园），但其存在的时间并不长，它随着古希腊民主政体的兴衰而存亡；第二类是城市宅园，四周以柱廊环绕成庭院，庭院中散置水池和花木；第三类是以神庙为主体的园林，例如德尔菲圣山。（如图2–31）

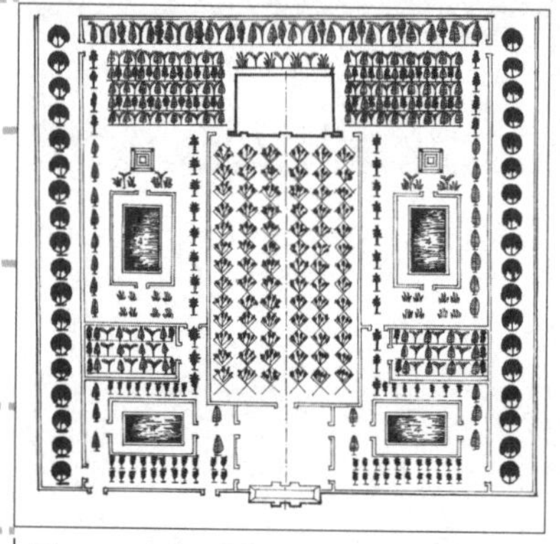
图2-29 古埃及园圃

图2-30 古巴比伦空中花园

图2-31 德尔菲圣山

古罗马继承了古希腊的传统而着重发展了别墅园和宅园这两类，别墅园利用丘陵地势，多修建在郊外和城内的山丘上，包括居住房屋、水景、草地和树林（如图2–32），后来一步一步演化发展，形成文艺复兴时期意大利台地园风格。而宅园多位于城中，由建筑围合，庞贝古城内保存着许多宅园遗址，一面是正厅，其余三面环以游廊，有一些在游廊的墙壁上画上树木、喷泉、花鸟以及远景等的壁画，以扩大空间。

二、中世纪欧洲园林

欧洲中世纪几乎都处在基督教的统治下，由于基督教教义的约束使得中世纪整个欧洲基本没有大规模的园林营建活动，花园只能在城堡、教堂或修道院等建筑的附近得以维持（如图2–33），其风格简朴、实用。但西班牙是一个例外。

公元8世纪，原是沙漠上游牧民族的阿拉伯人征服了西班牙，为其带来了伊斯兰文化，结合欧洲大陆的基督

教文化，形成了西班牙独特的园林风格，其特征为：园林以水池或水渠为中心，流动的水，开朗通透的建筑，景观幽静。阿尔罕布拉宫（如图2-34）即为典型的例子。这种对水的处理传入意大利后，演变成各种水法，成为欧洲园林的重要内容。后来又被西班牙人带入美洲，影响了美洲的造园和现代景观设计。

三、文艺复兴时期的意大利园林

经过15世纪中叶的文艺复兴运动，位于古罗马中心的意大利在科学、文化、艺术等方面均取得了很高的造诣，在造园艺术上也结合本土地形地貌特点，形成了台地园这样一种独特的园林风格（如图2-35，图2-36，图2-37，图2-38）。意大利的台地园为规则式园林，一般依山就势分成数层，以建筑为主导中轴对称，主体建筑常位于中、上层台地上，便于俯瞰全园景色，植物以常绿树为主，如石楠、黄杨、珊瑚等，整形修剪，以供俯视图案美，很少用色彩鲜艳的花卉，整个园林给人以舒适宁静的感觉。建筑师很注重规则式景观与自然风景的过渡，即从靠近建筑的部分至外围自然风景部分规则风格逐步减弱，从整形修剪的绿篱到不修剪的树丛，再到园外的大片天然树林。意大利境内多山泉，便于引水造景，因此常常把水景作为园内主景之一，理水方式多种多样，有水池、瀑布、跌水、喷泉、壁泉等。

图2-32　哈德良别墅

图2-33　中世纪庭院

图2-34　西班牙阿尔罕布拉宫

图2-35　意大利阿尔佐尼花园

图2-36　意大利加贝阿伊阿花园

图2-37　埃斯特别墅

图2-38　埃斯特别墅

意大利台地园在世界园林史上占有举足轻重的地位，其风格和影响波及法国、英国、德国等欧洲国家，促进了各国园林艺术的发展。

四、17、18世纪的法国宫苑

法国受到意大利文艺复兴的园林风格影响，同时结合法国本土的地形地貌、气候环境、人文政治等因素，形成法兰西特有的园林艺术——精致而开朗的规则式园林。路易十四建造的凡尔赛宫苑（如图2-39，图2-40，图2-41，图2-42，图2-43，图2-44），是这种形式杰出的代表，由设计者的称呼命名为勒·诺特式（如图2-45），也称古典式。规划格局方面，凡尔赛宫设计上处处体现了绝对君权：建筑居于统帅地位，道路多放射状轴线相交，轴线交点设置喷泉、雕塑、水池等。在水景营造方面，由于法国地势平坦，所以一改意大利利用动水成景的特点，多形成平静的水池、水渠，其中设置喷泉、雕塑，同时常常在水面周围布置建筑物、雕像、植物等要素，以求倒影效果来扩大空间、突出层次。在植物景观方面，因法国雨量适中，气候温和，多落叶阔叶树，故常以落叶密林为背景，并广泛应用整形修剪的常绿植物，大量采用黄杨、紫杉和草花作图案花坛，并经常用平坦的大面积草坪衬托花坛的鲜艳，植物修剪低矮，以利于平坦地势情况下对图案的观赏。凡尔赛宫的造园艺术影响深远，欧洲各国竞相模仿。

图2-39 凡尔赛宫

图2-40 凡尔赛宫

图2-41 凡尔赛宫

图2-42 凡尔赛宫

图2-43 凡尔赛宫

图2-44 凡尔赛宫

五、英国风景园

17世纪以前英国主要模仿意大利贵族的庄园别墅，17世纪勒·诺特设计的凡尔赛宫产生了世界性的影响，1660年流亡法国的查理二世回国即位后，聘请法国园林匠师参加罕普敦府邸的改建，使它在规模和气派上可与凡尔赛宫媲美，掀起了法国园林热。

然而英国人很快厌倦了这种规则式的园林风格，18世纪初，开始探求本国新的园林形式，这时出现了崇尚自然的风景园，为世界园林艺术作出了重大贡献。园林中有起伏的微地形，自然的水池，大片的草地，植物采用自然式种植，种类繁多，并注意小建筑的点缀装饰作用，道路多采用自然圆滑曲线，追求“田园野趣”，同时，善于运用风景透视线，对人工的痕迹和园林的界墙等，均予以弱化或隐蔽，从建筑到自然风景，采用由规则向自然的过渡手法。建于1741年的斯托海德公园被称为18世纪英国最美的风景式庭院佳作（如图2-46）。但是英国园林本于自然却拘泥于自然，鉴于此，造园家雷普敦开始使用一些规整的手法，特别注意树木对建筑的衬托，甚至有意设置废墟、残碑、枯树，称之为“浪漫派”。同时，英国皇家建筑师钱伯斯两度游历中国，著文《论东方园林》并在其设计的丘园中首次出现中国式手法，掀起中国热，但由于其本身的研究并不深入，故不久消退。

19世纪英国造园在原来的基础上又有了新的发展：设计中仍然采用自然圆滑的曲线，追求田园野趣；一改18世纪自然风景园贫乏的色彩，转而注重花草树木的合理配置，发掘色彩美；建筑小品仍然作点缀装饰，不作主景；同时增加园林设施，将设施的实用性和美观相结合；另外，把园林建立在生物科学研究的基础上，发展了专类园，如岩石园、水景园、沼泽园、植物园，以及以某类植物为主题的蔷薇园、百合园等，这种专类园对自然风景有高度的艺术表现力，对世界造园艺术的发展有一定的影响。

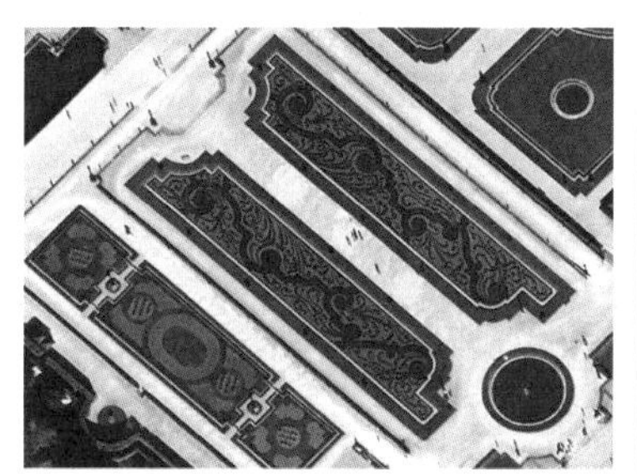

图2-45　勒·诺特式

图2-46　斯托海德公园

图2-47　纽约中央公园

图2-48　纽约中央公园

图2-49　纽约中央公园

图2-50　纽约中央公园

六、美国的城市公园与国家公园

美国的园林发展大约经历了3个阶段：殖民时期；城市公园时期；国家公园时期。

殖民时期美国园林主要模仿欧洲风格，直到1857年，出现了由现代风景园林创始人奥姆斯特德等设计、美国政府建造的纽约中央公园（如图2-47，图2-48，图2-49，图2-50）。该公园掀起了城市公园运动的热潮，为现代的公园设计开创了新篇章。奥姆斯特德主要观点：保护自然风景，可根据需要进行适当的整改；采用当地的乔灌木形成浓郁的空间边界围合；在公园的中央地带规划开阔的草坪休闲区；道路成回游曲线状，主要园路贯穿整个公园。

18世纪90年代，美国在城市公园的基础上又先后开辟了四个国家公园（相当于我国的风景名胜区），揭开了国家公园时期的幕布，到现在美国国家公园共有40处，占地五六百公顷。国家公园内严禁狩猎、放牧和砍伐树木，大部分水源不得用于灌溉和建立水电站，建立自然保护核心地带，但同时又有便利的交通条件，有多处宿营地和游客中心，为科学考察和旅游事业提供了很大便利，如美国黄石公园即是一个以地热景观著名的国家公园。（如图2–51，图2–52）

图2-51 黄石国家公园

图2-52 黄石国家公园

七、前苏联园林绿化

前苏联古典园林受意大利、法国规则式影响颇深，在园林中有明显的中轴线，形成宽阔的绿化广场和林荫道，主体建筑前均有气魄雄伟的规则式花坛、喷泉群和水池。后来由于工业化的影响，人地关系紧张，逐渐开始重视城市绿地系统规划，将城市和郊区各类绿地进行合理布局，并重视其规划建设。

八、日本园林

日本园林受中国园林的影响颇深，但是并没有完全抄袭中国园林，而是结合日本的地理条件以及文化传统，发展形成了其独树一帜的鲜明风格。中国园林宜动观，日本园林宜静观；中国园林于人工中见自然，日本园林则是于自然中见人工。逐渐发展了一种和、敬、清、寂的美。

1. 园林沿革

日本早期为防御外敌和防范火灾就有了掘池塘、筑小岛以及岛上建宫殿的做法，后来，在中国文化的影响下，庭园开始具备游赏的功能。钦明天皇十三年（552），中国南北朝时期，佛教东传，加强了两国的文化交流，中国园林对日本的影响也逐渐扩大。公元8世纪的奈良时代，先后19次派遣唐使，大量引入中国文化，包括园林文化。到了平安时代（794—1192），其园林一边吸收中国风格，一边日本化。前期的庭园自然和谐，贵族别墅常采用“水石庭”；到了后期，贵族宅园已由过去中国唐朝对称形式的风格，发展成为“寝殿造”形式，前有水池，池中筑岛，池周置亭、阁和假山，庭园用石渐多，有泷石组（叠水石）、遣水石组（水边之石）、岛式石组（水中之石）等。佛寺亦然。镰仓（1192—1333）、室町（1333—1573）时代，武士阶层掌权，一方面，京都的贵族仍按传统建造蓬莱海岛式庭园，另一方面，由于中国禅宗的兴盛，禅、茶、画三者结合，使日本庭园产生了一种洗练、素雅、清幽的风格。这一时期发展形成了一种日本独有的园林形式——枯山水，枯山水以其极度凝练抽象的风格，在世界园林中独树一帜。桃山时代（1573—1603），多为武士家的书院庭园。室町末期至桃山初期是群雄割据的乱世，城堡风行，邸宅庭园富丽豪华，但蓬莱山水和枯山水仍然是庭园的主流。大书院、大刈込（丛植植物自由起伏的修剪方式）、大石组，构成这个时期园林的特点。值得注意的是随茶道的发展而兴起的茶室和茶庭，成为日本庭园的又一特色。江户时期（1603—1868），百事升平，造园鼎盛，各地诸侯纷纷在江户建造豪华的府邸庭园，成为历代造园艺术集大成期。江户时期还兴起了书院式茶庭，如桂离宫等，枯山水也得到长足的发展，单株植物修剪成的“小刈込”也发展起来。明治维新以后，日本庭园开始了新的转折，逐渐公共化，同时，西方的造园要素以及其处理手法也为庭园注入了新鲜血液。现代，日本景观更是取得了长足的发展，以其清雅、明丽、简洁的风格在世界上独树一帜。

日本庭园变迁

<table>
<tr><th>时代</th><th>时代特征</th><th colspan="2">园林形式</th><th>典型实例</th><th>备注</th></tr>
<tr><td>飞鸟、奈良时代
（约 600-794）</td><td>早期律令
佛教传入</td><td colspan="2">池泉式（也叫林泉式，以水为中心）</td><td>藤原宫内庭，苏我马子私园，平城宫东院庭园等</td><td></td></tr>
<tr><td rowspan="2">平安时代
（794-1192）</td><td rowspan="2">贵族政治</td><td>前期</td><td>池泉式</td><td rowspan="2">毛越寺庭园遗址，宇治平等院凤凰堂，白水阿弥陀堂，净琉璃寺等</td><td rowspan="2">日本最早的造园著作《作庭记》</td></tr>
<tr><td>后期</td><td>寝殿造（蓬莱式）</td></tr>
<tr><td>镰仓、室町时代
（1192-1573）</td><td>武家政治
禅宗传入</td><td colspan="2">武家、禅宗结合的池泉庭
书院式池泉庭
枯山水[1]</td><td>鹿苑寺，金阁寺，西芳寺，南禅寺方丈庭，龙安寺，大德寺大仙院方丈庭等</td><td>禅僧疏石（梦窗国师）成为枯山水庭园的先驱</td></tr>
<tr><td>桃山、江户时代
（1573-1868）</td><td>武家政治
禅、茶、新儒学结合</td><td colspan="2">书院庭园
茶庭[2]
集大成的庭园</td><td>桂离宫，修学院离宫，兼六园，六义园，京都南禅寺金地院庭园，孤蓬庵庭园等</td><td>茶道法祖千利休提出“和、敬、清、寂”的茶道思想对茶庭影响甚深</td></tr>
</table>

注：

1. 枯山水：因无山无水而得名，以白砂象征水面，缀以石组或适量树木，并耙出水纹。这是日本特有的造园手法。这种无水而似有水、无声胜于有声的造园手法，是极具想象力的艺术凝练。（如图2-53）

2. 茶庭：一般很小，单设或置于其他庭园之中，由富有野趣的围篱围合，主体建筑为茶室。有禅院茶庭、书院茶庭、草庵式茶庭（露路、露地）三种，其中书院茶庭一般都设在大规模园林之中，特点是在庭园中各茶室间用“回游道路”和“露路”联通。草庵式茶庭最具特色。四周有围篱，一条园路连接院门至茶室，沿路设置寄付（门口等待室）、中门、待合（等待室）、雪隐（厕所）、灯笼、手洗钵、飞石、延段（石块、石板混铺路）。

图2-53 枯山水

2. 园林特点

日本庭园特色的形成有中国园林文化影响的因素，但更多体现了日本民族的生活方式与艺术趣味，以及其地理环境。日本庭园在古代受中国文化和唐宋山水园的影响，后又受到日本宗教以及武士道精神的影响，逐渐发展形成了日本民族所特有精巧和细致的风格，源于自然、讲究写意、追求细节、凝练素雅（如图2-54）。园林建造按其繁简程度有“真”、“行”、“草”三种风格。（如图2-55）

（1）造园思想

日本园林匠心独运，以自然界的法则精心布置，使自然之美浓缩于一石、一木、一楼之间，使人仿佛置身于一种至简、至虚、至美的境界，“蹲踞以洗心，守关以坐忘。禅茶同趣，天人合一”。

（2）山石造景

一般用土山和石组表现庭园景观。除此之外，日本庭园用石方式多种多样，如石灯笼、飞石（步石）、泽飞（水步石）、伽蓝石（利用石柱础铺于地面）、洗手钵、石桥等，不一而足。

（3）园林建筑

日本园林建筑平面布局自由灵活，常散点布置，无长廊，屋面多用树皮、木板等覆盖，仅少数大书院用瓦顶。装修精细，木纹磨光，一般不用油漆，墙面用素土抹灰，不用涂料，推拉的纸格扇以利于空间渗透和通风观景。建筑简朴、通透、雅致、清新。

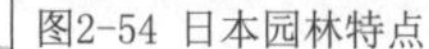
图2-54 日本园林特点

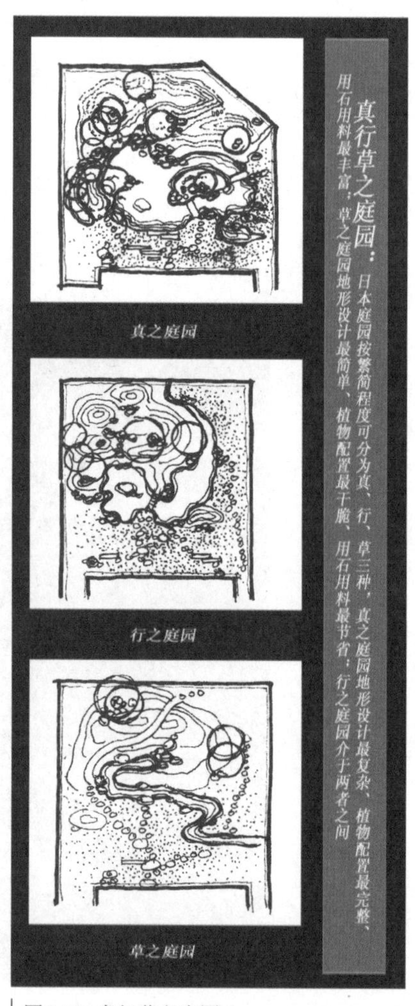

图2-55 真行草之庭园

（4）植物配置

日本庭园地面很少用砖石满铺，常被一层细草等地被植物所覆盖。创造性地发明了植物修剪的方式——“刈込”，由大片丛植植物整体随意修剪的“大刈込”到单株植物的“小刈込”，简洁纯净，成为庭园一大特色。早期重常绿树而轻花卉，整个庭园素雅、凝练，江户以后开始大量种植花卉。而对于枯山水这种园林形式，或不用绿色植物，或使用矮小的盆景以协助完成整体禅境。

九、中外传统景观意识的差异

由于文化的差异、地域的差异，不同民族必然有各自独特的风格。简单地说，中国园林以自然山水园为主，诗情画意皆入园；西方园林以规则式园林为主，其中英国园林虽亦为自然式，但没有中国园林的意境，多呈现草场牧歌式的田园风光，后期的美国园林、前苏联园林则更多体现现代景观的元素与思想。东方的日本则把中国的自然式风格加以发扬，融进日本的本土文化，禅茶道精神，形成了自己独特的景观意识，讲究“侘”、“寂”、“物哀”。比较如下表：

差异的源	中国园林		西欧园林		日本园林	
园林作为艺术形式必然受美学思想的影响，而美学又是在一定的哲学思想支配下产生并发展的	受自然崇拜、君子比德、神仙思想影响；深受诗画等文学的影响；专门的造园家造园，文人、画家直接参与造园；自然写意		美学建立在“唯理”的基础上，强调理性对实践的认识作用；建筑师同时设计园林；几何规则		受中国传统园林的影响，融入了岛国的精神，受禅宗、茶道、武士道精神的影响，园林呈现“侘”、“寂”、“物哀”的思想	
	代表	江南私家园林	代表	法国古典园林	代表	茶庭，枯山水
	表现	蜿蜒的小径 神似自然的山水 看似随意的种植 精而体宜的建筑 诗情画意般意境	表现	放射状的道路 建筑主导 对称布局 修剪的植物 规则的水体	表现	白砂、石组 植物的“刈込” 建筑格调清雅 石灯笼、洗手钵等颇有特色

第三节　现代景观设计的产生与发展

1857年美国现代景观设计之父老奥姆斯特德主持建造了第一个城市公园——纽约中央公园，掀起了城市公园运动，拉开了现代景观设计的序幕。1925年的巴黎“国际现代工艺美术展”则是现代景观发展史上里程碑式的事件。1939年，欧洲二战爆发，许多设计师前往美国，将欧洲现代主义景观设计思想引入美国，在他们的鼓励引导下，哈佛景观设计专业学生发起“哈佛革命”，动摇并摧毁了哈佛风景园林系的“巴黎美术学院派”教条思想，推动美国现代景观设计思想的健康发展。二战以后，更有一大批现代景观设计大师进行了大量的理论探索与实践活动，使现代景观的内涵与外延都得到了极大的深化与扩展，并日趋多元化。现代景观在其产生与形成的过程中，与现代建筑的一个最大的不同之处就在于，现代景观在发生了革命性创新的同时，又保持了对古典园林明显的继承性。从波肯海德公园的免费开放，到纽约中央公园的建立，再到“波士顿翡翠项链”（数个公园相连接的系统），现代景观实践完成了从私人到公众，从节点到系统的蜕变。

一、现代景观设计产生的背景

1. 自然观的变化

各国古典园林在风格上的差异，首先源于不同的自然观。工业革命以后人地关系日益恶化和人类认识能力的日益发展，使自然观也处于不断拓展变化之中，这种拓展主要表现在两个方面：第一，从传统的对自然的简单模仿，向生态自然观的拓展，保护、利用、改造、恢复自然环境，人与自然和谐共处（如图2-56，图2-57）；第二，从静态自然观向动态自然观拓展。所谓动态自然观是指将自然作为一个动态变化的系统来对待，注重自然过程。如荷兰东斯尔德的贝壳围堰工程（如图2-58），让时间在此做功，用贝壳铺成色彩反差强烈的几何图案，吸引了成百上千的海鸟在此盘旋、栖息，被围堰破坏的海滩因此而生机勃勃起来，而若干年后，自然的侵蚀使贝壳渐渐消失，场地也得到了恢复。

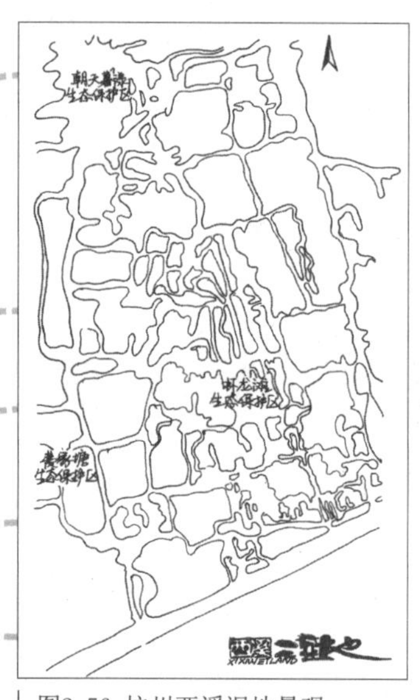

图2-56 杭州西溪湿地景观

图2-57 杭州西溪湿地景观

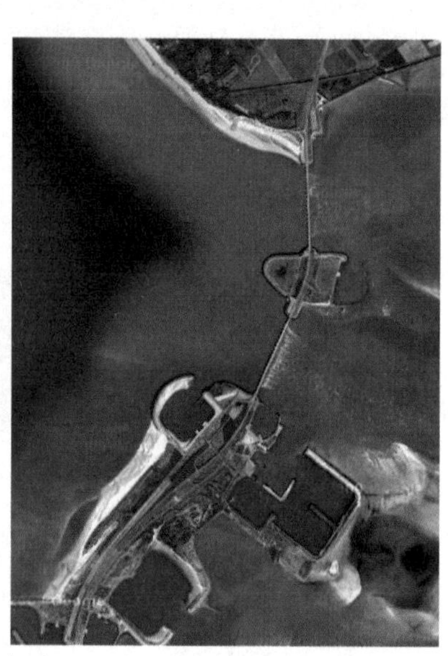

图2-58 荷兰东斯尔德贝壳围堰工程

2. 服务对象的转移

无论东方古典园林还是西方古典园林，都是观赏型的，其服务对象都是以皇室、贵族、文人或富商等为代表的极少数人。因此，园林的功能定位都围绕这些人的生活与需求展开，不免陷于单一。现代景观服务对象是广大人民大众，其设计应顺应这一趋势，在保持视觉美的同时，从环境心理学、大众行为学等科学的角度，为现代的景观设计重新定位。

3. 生活方式的转变

现代生活方式发生了巨大的变化，工业化、快节奏、高效率、网络虚拟化等等，再也不是闲庭信步、品茶赏花的时代，我们的景观设计要迅速对这一特点作出应对。如巴西造园大师马尔克斯（R.B.Marx），就敏锐地抓住了现代生活快节奏的特点，在造园中把时间因素考虑在内。同时，随着高速公路、火车等新型交通载体的出现，带来了快速的运动方式，使地球成为一个地球村，千篇一律的标准化产品开始全球泛滥，归宿感的缺失（图2-59），唤起了对“场所感”的强烈追求。现代景观设计只有不断变化才能应对。

4. 现代技术的发展

随着科技的飞速发展，原有的材料与设计手段不断被突破，呈现崭新的面貌。玻璃反射、折射、透射的利用，无土栽培技术的出现，可进行远距离控制并通过内嵌式微处理器或DMX控制器操控的计算机监控系统，等等，不仅极大地改善了我们用来造景的方法与素材，同时也带来了新的美学观念——景观技术美，并由此引发出一大批“动态景观”的出现。

5. 现代艺术思潮的蓬勃

自1925年的巴黎“国际现代工艺美术展” 之后，诞生了一系列崭新的艺术形式，因此完成了从古典写实向现代抽象的内涵性转变。20世纪前半叶的现代主义时期艺术，基本上可归结为抽象艺术与超现实主义两大潮流。尽管20世纪下半叶，涌现出更多更新的艺术流派，但早期抽象艺术与超现实主义的影响，依然是深远的。20世纪60～70年代以来的后现代主义，是一个包含极广的艺术范畴，其中对景观设计较具影响的，有历史主义和文脉主义等叙事性艺术思潮。更加注重对意义的追问或场所精神的追寻，其中著名的如屈米设计的拉维莱特公园（如图2-60，图2-61，图2-62，图2-63，图2-64，图2-65，图2-66）。根据艺术史学家的分析，传统艺术结束于印象主义，现代艺术结束于极简主义，后现代艺术方兴未艾。艺术的蓬勃，对景观设计带来了新的机遇与挑战。

图2-59 工业化生产的现代雕塑，根的溃失

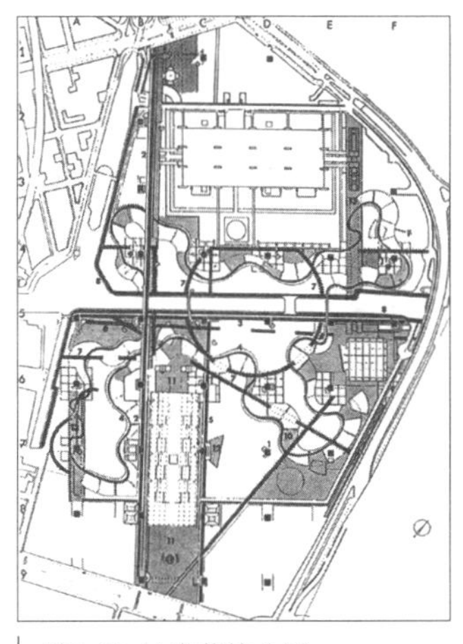

图2-60 拉维莱特公园

图2-61 拉维莱特公园

图2-62 拉维莱特公园

图2-63 拉维莱特公园

图2-64 拉维莱特公园

图2-65 拉维莱特公园

图2-66 拉维莱特公园

二、现代景观设计的趋势

1．向开敞、外向型发展

服务对象的转变，使得现代景观从封闭转向开放，从原来的请客会友、品茗聊天的私家园林转向为更多人提供观赏、休闲、娱乐、放松和亲近自然的开放式公园，滨湖、滨河、滨海绿地，城市广场，城市步行街，等等，让城市溶解在绿色之中。如无锡依托太湖自然山水，先后修建了环东、西五里湖景观带，长广溪湿地等一系列开放式绿地，供市民休闲，同时还开辟了太湖广场、河埒广场以及崇安寺、南禅寺步行街等硬质空间，供市民娱乐，现在又对清明桥地区、惠山古镇等传统街区进行了大规模改造，以期展现一个生态的、人文的新无锡。这里需要提出的是，在景观开敞的过程中一定要注意关注场地原有特色，营造场地新的特色，避免景观雷同。

2．利用现代科技，设计材料更丰富、手段更先进

高超的现代科技让现代景观设计大力突破原有的材料与技术，呈现崭新的面貌，让我们在真实与虚幻之间游移。以水景设计为例，现代喷泉水景体现出极高的技术集成度。它由分布式多层计算机监控系统，进行远距离控制。具有通断、伺服、变频控制等功能，还可通过内嵌式微处理器或DMX控制器形成分层、扫描、旋转、渐变等数十种变化的基本造型，将水的动态美几乎发挥到极致（如图2–67，图2–68）。再如植物景观，玛莎•施瓦茨设计的拼合园（如图2–69）中，所有的植物都是假的，其中上覆太空草皮的卷钢制成的“修剪绿篱”可观赏又可坐憩。而现代照明技术的飞速发展则带来了夜景观的革命，将我们带入一种扑朔迷离的美丽梦境（如图2–70）。但我们需要注意的是，现代技术只是我们景观设计的手段，切不可以过分依赖现代技术，过分使用虚假的草皮树种、光怪陆离的玻璃、冰冷的不锈钢只会让人感觉冷漠生硬，欲远之而后快。

图2-67 南昌秋水广场水景

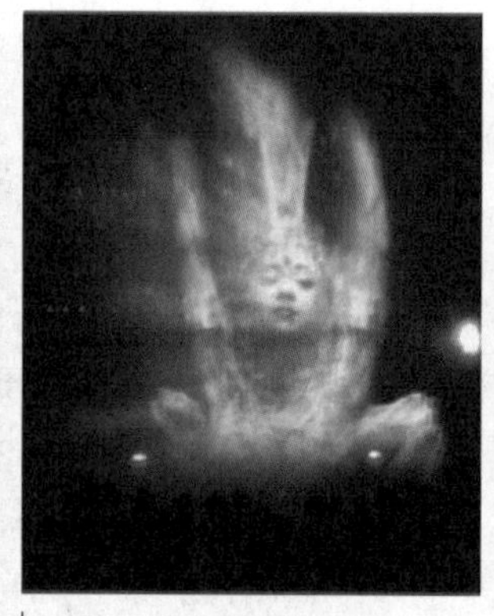
图2-68 苏州金鸡湖水景

图2-69 拼合园

3．强调以人为本，最大可能地发掘景观的社会功能

我们的景观已经超越了观赏型的阶段，更多的是给人提供实用的空间场所，对人的关怀，使得现代景观表现出一种宏大与亲切交融的气势。大到功能布局，为各种不同人群提供舒适、安全、惬意的活动场地，小到设施小品，材质上、尺度上、视觉上、感受上，无不体现以人为本的思想。室外座椅少用夏热冬冷的不锈钢；在人群集中的地方设置饮水器、垃圾桶；室外地面铺装尽可能使用毛面材料，防止滑倒；步行街的雕塑多与人的尺度相当，形成亲切的购物氛围；高速公路雕塑则高大宏阔，与快速移动的特点相适应；广场中既有开阔的空间，为好热闹的人群表现，也有幽静的空间，为好静的人独处。同时还要关注残疾人群，为其提供方便。

图2-70 夜景设计

4. 景观要素设计手法的多变，体现经济性、实用性，又富有创意与特色

（1）地形塑造因地制宜，减少土方量和工程成本，同时又形成各自特色

现代社会是一个集约化的社会，现代景观更多的是利用原有的地形改造，创造出不一样的景观效果，而不是每个地块都挖湖堆山，既浪费又湮没了特色。对于平地，多形成起伏的地形和流动的草坪，例如在巴黎谢尔石油公司总部的环境设计中，主体建筑东北侧的缓坡大草坪，轻盈、流动、富有韵律感，片墙穿插，强化出软硬质感的对比，成为解读场地的“流淌的绿色”（如图2-71）。对于有高差的地形，不论这个高差是先天的（有山有水），还是后天人为的（地下停车场、过街隧道、地下商场等），都尽可能利用高差，塑造特色，例如西雅图高速公路公园（如图2-72），利用跨越高速公路的高差创造特色。

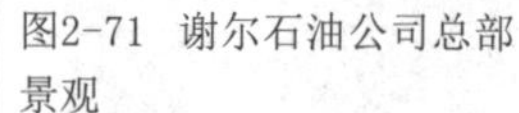

图2-71 谢尔石油公司总部景观

图2-72 西雅图高速公路公园

图2-73 演讲堂前庭广场

图2-74 爱悦广场

图2-75 唐纳德——本特利树林

图2-76 Shiru-ku Road小公园喇叭装置

对于地形的处理，现代景观还作出了很多探索，如演讲堂前庭广场的瀑布（如图2-73），就是哈普林对美国西部悬崖与瀑布的大胆联想；另外，哈普林的爱悦广场中极具韵律感的折线型大台阶，就是对自然等高线的高度抽象与简化。（如图2-74）

（2）建筑密度减少，以植物为主组织景观代替了以建筑为主组织景观

在现代景观设计中，建筑的地位经历了一个从显性到隐性的转化，不仅数量大大减少，形式上已逐渐趋向抽象化、隐喻化，如矶崎新在筑波科学城中心广场的设计中，只用几根柱子、片墙和金属框架来限定凉亭空间。同时，一种类似建筑的空间感已大量渗透到景观设计之中。典型的例子如唐纳德没计的“本特利森林”的住宅花园（如图2-75）。住宅的餐室，透过玻璃拉门向外延伸，直到矩形的铺装露台，露台尽端被一个木框架所限定，框住了远方的风景，旁边侧卧着亨利•摩尔的抽象雕塑，面向无限的远方……

20世纪景观设计中植物成了景观主角，植物景观源于传统、高于传统，种类极其丰富，植坛的图案更不拘一格，典型的例子如SWA集团设计的美国凤凰城亚利桑那中心庭园。弯曲的小径，“飘动”的草坪与花卉组织而成的平面图案，就像孔雀开屏的羽毛，极具律动感与装饰性。其中也不乏令人吃惊的，如施瓦茨设计的麻省剑桥拼合园，塑料黄杨从墙上水平悬出。如此奇构，充分展示出设计者极具大胆的想象力。但是同时，排除对各种“主义”的探索，我们现在的景观更注重的是植物对空间的塑造作用，植物本身的生态效应以及科学性和艺术性的结合，要适地适树并关注不同场地功能的要求，植物景观总体上趋向疏朗、明丽，更好地起到改善生态环境的作用。

（3）体现时代精神的雕塑，在景观中应用日益增多

不同的场地环境，不同的雕塑小品形式。青岛的雕塑公园，各种雕塑小品随意散置，与人或近或远，新奇又亲切。日本Shiru-ku Road小公园里设置了很多类似喇叭的装置，取名为伸长的耳朵，伸向天空、伸进草丛，聆听平常听不到，或不注意的声音（如图2-76）。设计师Makato Sei Watanable在毗邻歧阜县的“村之

平台”的景观规划中，设计了一个名为“风之吻”的景观作品，采用15根4m高的碳纤维棒，营造风中摇曳沙沙作响的“树林”景观。这些顶端装有太阳能电池及发光二极管的碳纤维棒到了夜里，发光二极管利用白天储存的太阳能，开始发光，蓝光在黑暗中随风摇曳，仿佛萤火虫在夜色中轻舞……

5. 景观的生态思想日益显著

早在1969年，美国宾州大学教授麦克•哈格在其经典名著《设计结合自然》中，就提出了生态规划思想。现在，我们在景观设计中不仅仅关注单纯的生态现象、生态问题，还注重生态的过程。恢复逐渐受到破坏的城市湿地、保护越来越少的红树林景观，让被破坏的土地能够自然演替，甚至还有很多对于废弃地的恢复探索。加州的帕罗•奥托市1991年建成的拜斯比公园（如图2-77），约12公顷，位于18米高的垃圾填埋场之上，设计师哈格里夫斯在覆土层很薄的垃圾山上塑造地形，在山谷处开辟泥土构筑的“大地之门”，在山坡处堆放了许多土丘群，隐喻当年印地安人打渔后留下的贝壳堆，也作为闲坐和观赏海湾风景的高地，公园的北部成片的电线杆成阵列状布置，平齐的电杆顶部与起伏多变的地形形成鲜明的对比，混凝土路障呈八字形排列在坡地上，形成的序列是附近临时机场的跑道的延伸，若干年后，垃圾场将得到喘息，重新恢复成一片沃土。德国科特布斯附近依托100多年来煤炭的开采留下的荒芜的、失去了自然生机的环境和数十座巨大的60~100m深的露天矿坑塑造大地艺术的作品，不少煤炭采掘设施如传送带、大型设备甚至矿工住过的临时工棚、破旧的汽车都被保留下来，成为艺术品的一部分，矿坑、废弃的设备和艺术家的大地艺术作品交融在一起，形成荒野的、浪漫的景观，然后，这些大地艺术品会被不断上升的地下水和来自附近施普雷河中的引水淹没，或是被自然风蚀，这里将形成林木昌盛、土壤肥沃，并且拥有45个大湖的欧洲最大的多湖平原。在中国，建国以后景观设计经历了从“满足基本功能”，到20世纪九十年代的“欧陆风”之后，当代设计师们也越来越注重生态思想的融入，从生态驳岸的设计、乡土植物的恢复，如广东岐江中山公园中对细节的关注；到成片成片濒临破坏的土地的再设计，如杭州西溪湿地、深圳红树林等；再到自然保护区的建立等，其中也不乏废弃地利用的例子，如浙江绍兴柯岩景区（如图2-78），曾是三国时代的采石场，在此基础之上建立了一个人工雕琢的山水景观。

图2-77　拜斯比公园

图2-78 绍兴柯岩

第三章　景观设计的理论与要素

教学目的

掌握景观设计的相关理论

掌握景观要素的设计方法

教学要点

景观设计中的生态思想/环境心理研究/空间构成理论

景观设计的视觉要素/物质要素

教学方法

课堂讲授/实地考察/交流汇报

教学时数/总时数

12/60

第一节　景观设计的相关理论

景观设计是一门综合性很强的艺术，涉及生态、人文、经济、美学、科技等多方面，本书将与之密切相关的重要理论对其影响作简要介绍，其思想需要每一个设计人员反复实践、充分领悟，并自觉地将其贯穿于设计的始终。

一、基于生态思想的景观设计

工业革命使人类的生存方式发生了天翻地覆的变化，尤其是二战后，工业化和城市化的迅速发展，城市蔓延，生态环境系统遭到严重破坏。早在19世纪末20世纪初，英国植物学家格迪斯就提出了科学的景观调查方法和自然资源分类系统，发出了著名的呼吁“先调查后规划”。1955年景观设计师麦克哈格在美国宾夕法尼亚大学创办了景观设计学系，致力于将生态学原理运用到景观设计之中，并于1969年出版了景观领域里程碑式的著作《设计结合自然》，从生态学的角度研究了人与自然的关系，批判了“人类中心论”的思想，强调两者的平衡，但关注的多是垂直生态过程，缺乏对水平生态过程的研究。景观生态学是20世纪70年代以后蓬勃发展起来的一门新兴的交叉学科，该名词是1939年由著名德国植物学家C.Troll在利用航空图片研究东非土地利用问题时首先提出来的，是以生态学理论框架为依托，吸收现代地理学和系统科学之所长，研究在一个相当大的区域内，由许多不同生态系统所组成的整体（即景观）的结构功能、作用变化的一门生态学新分支。景观生态学以整个景观系统为研究对象，强调空间的异质性，生态系统之间的相互作用，生物种群的保护培育，环境资源的经营管理，以及人类活动对景观系统的影响，80年代初在北美受到重视，给生态学带来新的思想和新的研究方法。如今，景观生态学已成为北美生态学的前沿学科之一，为研究景观规划的生态途径提供了新的思路。

1. 生态景观的概念误解

现如今“生态”一词已成为景观设计的流行名词，大凡设计都冠以“生态”的概念，其中不乏对生态的误解，下面我们从内涵和尺度两方面分析。

（1）“生态”概念的内涵误解

所谓生态，是研究生物或生物群落与周围环境的相互关系，很多冠名“生态”的设计往往只浮于表面，例如用石头砌筑了驳岸就称之为“生态驳岸”，稍作屋顶绿化就称之为“生态建筑”，设计了水景就称之为“生态小区”，多种了几棵树就称之为“生态城市”，不一而足。我们要坚决摒弃这种貌似生态的设计，寻求真正体现生态保护、生态恢复、生态教育、生态研究的设计理念。另外，需要强调一点，并不是建立于生态基础好的地方的设计就是生态设计，很多在原生态良好的场地中开展建设活动时以及建成之后由于管理不善，对于废弃物没有妥善处理都会造成场地生态的破坏。

（2）“生态”概念的尺度误解

尺度是生态研究的重要概念，某一事物的生态特性与其所处的尺度相关，这种特性不能随意复制到其他尺度中。例如树，在个体尺度上来说，它具有生态意义，但在城市这个尺度上，不是无论什么树、随便怎么种都有生态意义，当前体现南国风情的沙滩、椰树、阳伞在各大城市的小区景观中竞相营造，就是一种很不科学的做法。再如对水体的生态净化，需要有足够的面积来完成，同为体现这一过程的生态项目尺度不同，设计目的也不尽相同，法国阿赫那市生活废水净化工程（如图3-1）面积广大，程序复杂，人的活动只集中在其中某些地方，是一处生态恢复的景观工程；而成都的活水公园（如图3-2）目的并不是真正起到净化府南河水质的作用，它面积小、设计精巧、活动丰富，是一处体现生态教育的主题公园。尤其现在景观生态学的概念被普及，景观生态学更多的是在较大的空间和时间尺度上研究生态系统的空间格局和生态过程，并不是一块飞地就是景观斑块，种了树的道路就成为了景观廊道，面积大的异质空间就是景观基质。

图3-1 法国阿赫那市的生活废水生态净化景观工程

图3-2 成都活水公园

2. 基于生态思想的景观设计

由于本书研究的是城市小尺度的景观设计，所以更多强调用一种生态思考方法来思考景观设计问题，寻求解决场地问题的对策。

（1）顺应基地自然条件，合理利用地形、植被和其他景观资源

弯曲的河道有利于生物的生存，不要盲目地拓弯取直；起伏的地形能形成基地的景观特色，不要胡乱地填湖造山；现有的古树记录了场地的历史，其生态价值更是不可估量，不要砍去古树再从其他地方移来大树。劳伦斯•哈普林在1962年开始的旧金山海滨农庄住宅设计中就采用了“生态印记”的图记方式，花了两年时间，将场地中的现有景观资源，包括地形地貌、植物水景，甚至风、雨、阳光都详细通过图记的方式记录下来，提出了景观设计的概念和方案，然后交由建筑师完成住宅设计。

对于基地的景观资源不仅仅指自然的，也包括人工遗留的，在这方面，美国西雅图煤气厂公园（如图3-3）、德国杜伊斯堡风景公园（如图3-4，图3-5，图3-6，图3-7，图3-8）等项目就作了很好的探索，保留了场地的工业建筑，甚至利用原有建筑创造活动项目，成为记录时代特征的良好示范。

图3-3 美国西雅图煤气厂公园保留的厂房建筑成为时代的雕塑

图3-4 德国杜伊斯堡风景公园，保留了原钢铁厂的建筑物和构筑物，部分赋予了新的使用功能

图3-5 杜伊斯堡风景公园中可攀登的高炉

图3-6 杜伊斯堡风景公园中保留的高墙成为攀岩爱好者的训练基地

图3-7 杜伊斯堡风景公园中保留的料仓成为不同风格的小花园，并在上面设步行道

图3-8 杜伊斯堡风景公园某个料仓内景

（2）尊重场地原有植被，运用乡土植物，促进自然良性演替

乡土植物经历了长期的自然选择，被实践证明是最适合本土环境气候特征的植物，盲目引进外来植物物种造成的严重生态问题屡见报端，例如水葫芦对水体的破坏、加拿大一枝黄花的毁灭性入侵等。也有很多植物引种本身对本地生态没有大的破坏，但是由于生长环境的差异性导致生长不良、景观效果不佳，或者后期维护成本增大，也不利于生态的良性循环。所以我们要尊重并甄别场地原有植被，大力提倡乡土植物的应用。例如秦

皇岛市汤河公园（如图3-9）最大限度地保留场地原有的乡土植被和生境，用一条绵延500多米的红飘带将之串联起来，这条玻璃钢制作的飘带因环境和功能的需要忽宽忽窄，忽左忽右，整合了多种功能。再如浙江黄岩永宁公园（如图3-10），保留水滨芦苇、菖蒲等种群，大量应用乡土物种进行防护河堤的设计，在滨江地带形成了多样化的生境。运用乡土植物还能凸显南北气候差异，形成景观特色，江南一带历来就以植物色彩四季分明而极富吸引力（如图3-11），而南方则以南方特有的植物呈现南国风情（如图3-12）。另外，在使用乡土植物的时候也要注意保证景观效果和促进自然良性演替之间的平衡，要关注近期效果和远期效果的结合，速生树、慢长树搭配，不要盲目进行大树移植。

（3）发掘可再生能源，充分利用阳光、自然风、降水等

21世纪最缺的是什么？能源！石油、天然气等常规能源由于其成因复杂，耗时漫长，难以为继，我们在不断开发新的能源以维护我们的日常生活，在景观场所中，行路照明，景观亮化，喷泉跌水无不需要大量的能源供应，我们要充分利用阳光、雨露来形成景观场所的自维持系统，让能量采集过程成为景观亮点。幽暗的地下车库、隧道可以通过尽可能精巧的太阳能采集系统或者采光井设计，充分利用自然光，既达到照明的目的又形成场所的鲜明特色（如图3-13）；利用地形的起伏、植被的疏密、建筑的围合、道路的走向等引进夏季凉风、阻挡冬季寒风；风能充沛的地区，还可以将风力发电过程形成一道壮丽的景观；雨量丰富的地区，可以设计景观系统将雨水收集、储存、净化后用于维持景观水体或绿化灌溉；对于地下水亏损地区，设计大面积的沙土地面，增加地下水回灌。集雨绿地或者回渗绿地并不只是简单的排水设施，还可以塑造出富有特色的景观。例如美国西雅图肯特市的米尔溪土地工程（如图3-14），利用了自然的溪流谷地，在保证了植被可以自然恢复的情况下对局部地形进行了艺术塑造，随着水位的不同呈现不同的景观，同时起到蓄洪集水的作用。

图3-9 秦皇岛市汤河公园

图3-10 浙江黄岩永宁公园

图3-11 江南秋景

图3-12 南国风情

图3-13 地下车库的采光天井

图3-14 美国西雅图肯特市的米尔溪土地工程

（4）注重材料的生态性，减少能源消耗，降低设计成本

所谓“生态建材”是指本身蕴涵能量低的材料（材料的生产过程耗能少）、本土材料（材料运输过程耗能少）、废旧材料（再利用以尽可能减少能耗）、循环再生的材料（减轻原料采集和废弃物处理对环境的压力）以及有生命的材料、天然材料等。利用生态建材，能有效减少能耗，如利用植物根系或者植物与多孔隙材料结合保土护坡；利用碎砖片、碎瓦片、碎瓷片、煤渣等材料铺砌地面；利用玻璃、钢材的可再生性循环利用；靠山吃山、靠水吃水，盛产竹木的地方多用竹木为设计材料，山高石多的地方多用石材为设计原料，等等。例如中国最东边的行政岛屿东极的东福山，道路、房屋、围栏、护坡均大量采用当地的石材，形成了壮丽的景观（如图3-15）；再如德国杜伊斯堡风景公园中将炼钢的煤渣重新利用铺装成美丽的林荫广场。（如图3-16）

（5）其他

注重生态系统的保护和生物多样性的保护，建立和发展良性循环的生态系统等等。河道的渠化是水生生物和水陆两栖生物的悲哀，人工硬质基底使它们无处藏身，无疑就减少了生物多样性，破坏了生态系统的良性循环。这就呼吁我们对于生态驳岸的关注，保留河道的弯曲，成为生物的栖息港湾，保留河床的罅隙，成为生物的藏身福地，保留河岸的湿地植物，成为生物的嬉戏乐园。我们站在前人的研究成果的基础上，关注景观过程，让景观设计更多地体现生态优先的思想，真正肩负起改善生态环境的重任。我们要将生态的思想融进自己的血液，时时刻刻不忘生态优先。

二、基于环境心理研究的景观设计

炎炎夏日，观察清华大学礼堂前大草坪上的人群活动发现，随着日影西斜和拉长，人群具有沿树荫扩展的倾向，显然，这是“夏有荫”对人群活动的控制作用（如图3-17）。但同时滨水绿地中的喷泉依然不失其独特的魅力，尽管烈日当空，尽管酷热无比，大理石广场上依然人头攒动（如图3-18）。人们的行为是遵循一定的轨迹的，我们要尽可能地把握这个轨迹，使我们的设计做到最大限度地以人为本。

重视环境与心理之间的关系可以追溯到古希腊，早在纪元前，古希腊的帕提农神庙就运用了当时透视学的原理校正视觉错觉。有关理论研究则可以追溯到19世纪，1886年德国美术史家沃尔芬（H.Wolffin）著《建筑心理学绪论》，曾用“移情论”讨论建筑物和工艺品设计问题。“环境心理学”这一名词是由纽约研究者普洛尚斯基和伊特尔森等人首先提出，环境心理学研究则首先于20世纪60年代末在北美兴起。对于景观设计而言，我们研究环境心理的目的是为了更好地指导我们的设计，下面从行为分析法、行为习惯及其差异几方面简要介绍。

图3-15 “石头的”东福山

1. 行为分析法

我们对行为活动分析通常采用五“W”法（who，where，when，why，what），即何人于何时在何地为何做何事。这一方法看似简单，但我们的目的不在于描叙事件的本身，而是要探索不同活动的时空特点与规律，进而提出具体决策与方法，因此，有必要对这五个要素进行一番研究。

（1）人物（who）

人是景观设计需要研究的对象，不同的人有不同的喜好、需求，了解景观为谁而作，是我们设计人员首先要研究的。我们需要了解单体人的背景资料，即性别、职业、年龄、社会文化背景等，也需要了解群体

图3-16 德国杜伊斯堡风景公园中的林荫广场

图3-17 对树荫的寻求

图3-18 对热闹的寻求

的行为方式与特征。这里的群体是指具有同一行为倾向而聚集在一起的一群人。例如，设计儿童公园，首先要了解儿童需要什么，需要斑斓的色彩，需要想象力丰富的环境，需要聆听大自然的声音。不同的儿童又可以细分，小女孩喜欢什么，小男孩又喜欢什么，小小孩呢，小大人呢？只有首先解决了这些问题，才能有针对性地设计场地。

（2）地点（where）

场所本身的面积大小、空间组成、总体形态以及人工和自然组成因素，周围环境中的建筑、道路、交通、自然和社会因素，以及社会文化氛围等都会对场所的使用造成影响。例如，处在摩天楼阴影中的广场终年不见天日，即使增加雕塑，座椅增多、色彩增艳也无法吸引游人；在南方多雨城市中，地势低洼处的广场大雨时往往成为泽国，形同虚设；炎夏高楼下的开敞空间多刮骑楼风，因而成为纳凉的好去处。

（3）时间（when）

一天之中，白天和晚上，一周之中，平时与周末，一年之中，春夏秋冬，差别往往很大。所谓“春升夏荣秋煞冬藏”，会在大多数人群的活动中有所体现。“非时而动”，如数九冬泳、三伏苦练等特殊活动当然也应格外加以注意。时间要素也与天气变化密切相关，刮风飘雨，下霜起雾都会对活动产生不同的影响。研究不同人群的使用时间对我们的景观设计有非常重要的意义。我们可以在同一个地点，根据不同的人群的使用时间的差异，让不同的故事在同一个地点分时段上演，让这个地方地尽其用。

（4）目的（why）

目的即是“为什么”。目的出自动机，动机来自需要。劳累的需要使游人想要休息，于是开始寻觅座椅；饥渴需要使游人想要进餐，于是开始寻觅餐厅。设计的时候可以把我们自己当作游人，感受游人的需求。例如初入景观场所，需要指示标志引导景观活动，游玩半小时累了，需要休息，在哪里累的那里就需要座椅，再半小时饿了渴了，需要补充能量，在哪里饿了那里就需要有小卖、餐饮、咖啡等功能建筑，再半小时需要上厕所，去哪里找厕所，等等等等。景观使用人群的目的往往并不是很明确。有时使用者自己来景观中的目的也很模糊，只是想来转转，看见什么了突然就想做一件什么事了。或者根本都不是专门来转的，只是路过，被吸引。这就要求景观场所的多目的性，吸引不同需要的人。

（5）事件（what）

事件研究的核心是要把上述五个方面综合起来，了解特定群体在特定时空中的活动规律或固有模式。扬•盖尔在《建筑之间的生活》这本书中将人类的户外活动分为三种：必要性活动，是一种带有强制性的活动，参与者别无选择；可选择性活动，是一种时间、场所、天气、环境允许的情况下，自愿发生的活动；社会性活动，这是一种依赖公共空间中其他人的存在而发生的活动。高质量的空间可选择性活动和社会性活动发生频率高。研究时，不仅要考察存在哪些行为场景，更要从设计角度考察物质环境及其组成元素是否适合人的特定活动：了解哪些被正常使用；哪些被使用者改造使用；哪些被使用者兼作他用；哪些对使用者带来不便甚至损害。鼓励合理开发他用，避免不合理他用，禁止破坏性他用。

2. 行为习惯

人对环境产生反应，环境刺激人的行为。我们的任务是协调两者的关系。不恰当的景观设计会无意识地制造各种诱惑吸引人们行为的偏移。我们要在人们一般行为特征的基础上设计出符合人们行为习惯的环境，可以避免或减少可能发生的破坏性行为。人的行为习惯有哪些呢，以下列举几例。

（1）抄近路

保持较低的能量水平，希望从起点到终点的距离越短越好，当这种希望十分强烈时，便会产生破坏性行为。例如常常见到绿篱和栏杆的缺口、草坪上被踏出的一条条小径，因此，设计中应能预见到有可能抄近路的路段，并采取相应措施（如图3-19）。人们常常对当前的愿望和达到愿望所需的代价进行权衡，觉得不值时这种愿望就会消失。因此，在设计中要么设置通途，让人心理上产生一种亲和感，要么设置有力的阻挡，规范人们的行为。阻挡的强度视地段的重要性、人流量的大小而定。也可以采用引导的方法，根据人流的流向将一些可能抄近路的地段直接用道路或铺装连接。对于不易确定人流方向的地方，可以通过先大面积铺设草坪对外试行开放的办法，找出人流路径。

（2）靠右行与逆时针转

当人们对于一不熟悉的区域且又没有过多标志时，很多人会不自觉靠右行（如图3-20），沿逆时针转。虽然这远远没有我们习惯于用右手写字这样绝对，但是如果我们人为地强化右路入口处，或者通过导向牌，或者通过地面铺装的暗示（如图3-21）等，就会强迫游客按照我们预先设计的空间节奏、空间序列演进，从开端到高潮再到结局，设计者的思路就这样得以贯彻。

（3）依靠性

在一个空间中，人们不是均匀地散布在各处，而且也不一定停留在设计者认为最合适的地方。游人往往偏爱柱子、树木、旗杆、墙壁、门廊、建筑小品周围，哪怕只是一块石头也有它的吸引力（如图3-22）。这也许来自巢居穴处时代对安全的需要。当原始人在户外寻找地方就座时，一般很少会坐在四周暴露的开敞空间中——通常会寻找一棵树、一块石头或一个土坡作依靠。这在如何提高空间利用率以及进行空间功能分区方面很有启发。我们可以人为把人群集中于需要提高空间利用率的地方。

（4）热闹与幽静

武汉大学一年一度的樱花节总是人满为患，尽管武汉还有许多地方都有各自的樱花林，但是人们都选择那

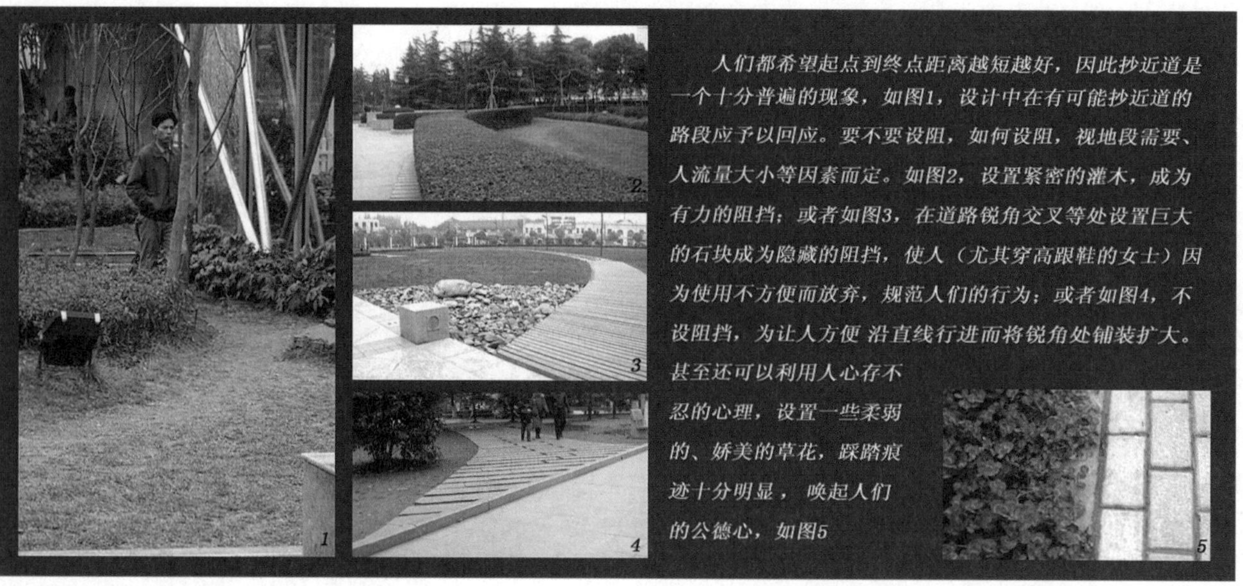

图3-19 抄近道的应对

图3-20 靠右行的习惯

图3-21　铺装的引导性

图3-23 看人也为人所看

图3-24 安静休息

图3-25 边缘性

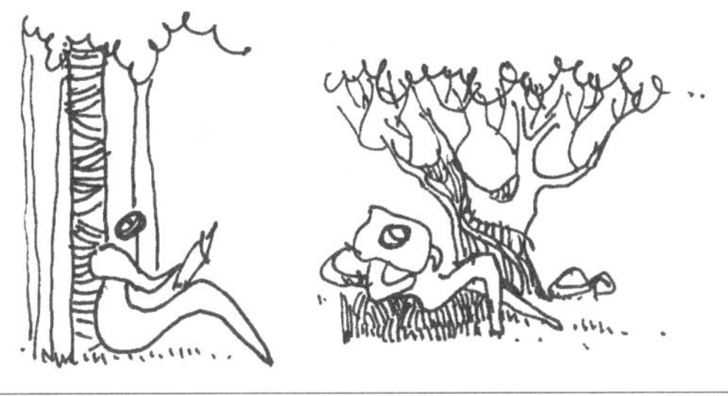

图3-22 人的依靠性

条狭窄的樱园大道，为什么呢？这很大程度上取决于人们对一种氛围的渴望，一种感受樱花本身的吸引力之外的某种氛围。人们看到的决不仅仅只是樱花的烂漫，抑或樱园宿舍的典雅，看到的还有人们彼此丰富的表情，夸张的动作，还看似不经意地听到人们风趣、优雅甚至笨拙的谈吐。这些带给我们的愉悦远远大于樱花本身。热闹的场所“看人也为人所看”（如图3-23），通过看人，了解到流行款式、社会时尚、大众潮流，满足人对信息交流和了解他人的需求；通过为人所看，一定程度上带有自我炫耀的性质，希望自身被他人和社会所认同。以此刺激人与人的交流与了解。这启发我们在景观设计中有意识地将那些需要被人看的活动和可以看到活动的场所结合起来设计，以提高空间的利用率，增加空间的活力。

但是人们不仅需要热闹，也需要安静的空间（如图3-24），需要独处。人都是被一个无形的空气泡环绕的，这个空气泡像一个自我保护的容器，不被邀请的人擅自闯入会被排斥。在体验丰富、复杂的生气感的同时也需要休息养神。登高望远、幽篁独坐、曲径踱步……提供了许许多多寻找自我的机会。这就对我们的公共区域的设计提出挑战，要满足不同的人的不同需求。

（5）边缘性

很多人会有这样的经历，明明大路朝天，却往往喜欢踩着边走；明明教室空空，却不愿意进来以后搬个凳子坐中间。这和边缘性相关，这也决定了我们的景观设计中各个不同的区域的边缘的重要性。边缘可以享受到两个区域共有的优点，可以欣赏到两个区域的优美景色，何乐而不为呢？所以我们的设计要关注边缘。例如利用人们喜欢坐在树丛的边缘，享受荫蔽，同时能够看见广场的活动的习惯，在边缘设置休息设施。（如图3-25）

3. 行为习惯的差异

（1）行为习惯的情境差异

从行为学角度看，心理情感反应会导致相应的行为。例如，对不喜欢或恐惧的事物会产生紧张焦虑，不自觉地回避，相反感兴趣的则会注目、接近、参与。环境中的色彩、形体、质感等特定内容所表达的情感与环境的舒适等会直接影响到人们的情绪与参与的愿望。

景观设计的工作就是通过良好的设计左右人们的行为，引导游人遵守游戏规则，与此同时，遵守的人多了，就会产生一种良性的叠加。现实中越是维护良好的环境越容易得以维护，这也就是“红地毯效应”：没人会往整洁美观的红地毯上吐点什么，反之越糟糕的环境越容易受污，正如有一“此处严禁停车”的招牌，却停满了车一样，如果停第一辆车的时候不加以及时制止，那么就等于给了过往者这样一个信息，即“这里管理不严”，对其默认一定程度上也就是对其鼓励。

（2）行为习惯的人群差异

同一行为习性在不同行为群体中存在明显差异性。例如人们普遍认同的“抄近路”现象，实际这一行为只在青壮年群体中才有典型意义，老人们只习惯于走自己走熟了的路，不熟悉的再近也不会去走，儿童则要视情况而定，有时他们偏爱迂回的、具有挑战的路线，边走边闹。

另外，马斯洛心理学认为，人的需要呈锥状，从低到高的秩序依次为：生理需要、安全需要、所属与爱情需要、自尊需要、自我表述需要及认知审美需要。人都是在满足了上一层次的需要之后才去思考下一层次的需要。仅仅满足了生理需要的人群的行为习惯与正在寻求自尊需要的人群也是会有所不同的。

景观场所是一个兼容广纳的活动区域，我们要考虑到各类人群的需要，为他们开辟自己的领地，不让每一类人受到冷落，竭尽所能让他们各得其乐是我们的追求。

（3）行为习惯的文化差异

这是显而易见的。行为要经过大脑调节控制，所以不同文化背景的人对环境的反应不同 ，处理方式不同。例如，傣家泼水是种礼节，但如果没有这种文化氛围的民族，迎面被人泼了一盆水就是耻辱。菊花，在中国是长寿、高洁的象征，但是在对外宾馆尤其是对意大利，我们是不能安排菊花的，因为在意大利，它并不是什么好东西。我们的景观环境质量的优良，直接决定人群使用的舒适，景观场所是各种不同文化在此交流碰撞的场所，并不仅仅是中西文化、地域文化的碰撞，更多的是不同教育背景、不同年龄阶层、不同职业习惯、不同宗教信仰的人群的文化碰撞，我们要让每一种文化找到合适的落脚点与融合点。

自从包豪斯设计理论问世以来，设计强调功能主义，但是，过分强调功能会使设计缺乏人情味，也许有些设计功能合理，尺度也不错，环境看上去宜人，但是人们在这样的环境中仍感到不自在，不舒服。这样我们在设计满足功能的同时，也要研究人的行为，因为，我们设计的目的是为大众服务。与此同时，需要提出一个概念，即“通用设计”，是指我们的设计要让所有使用的人用得舒服，其中包括残疾朋友，所以环境心理的研究对象也包括他们。

三、基于空间构成的景观设计

舒适的空间对于景观感受有极其重要的作用，宁波天一广场以其适宜的两侧建筑与街道的高宽比成为商业空间设计的典范，上海延中绿地则由丰富的植被围合了多变的或旷或奥的景观空间，我们还需在空间中注入情感，以形成一个宜人的场所。这里我们将空间构成理论运用到景观设计之中加以简要整理归纳。

1. 景观空间的限定方式

空间是由底面—边界—顶面三个要素所围合的（如图3–26）。人是有空气泡的动物（如图3–27）。人站在某一棵树、某一根杆子的旁边，就在他的周围形成了一个隐性的空间，这是由人的心理感受决定的一种以柱状支持物为依托的空间。这时的空间边界不确定，可大可小，和周围的拥挤程度、人的心理感受等都有很大关系。要使得空间变得明确，需要围合。

（1）底面界定

底面界定是一种限定空间的方式，草地上铺一张野餐布，席地而坐，就构成了以餐布边缘为边界向上延伸的柱状空间。我们可以利用底面界定安排不同的功能，比如利用地面铺装区分停车的区域（如图3-28）、休息的区域（如图3-29）、引导人前进的方向（如图3-30）等，但这种空间越往上延伸越模糊。要使空间界定明确，需要边界的围合。有时可以将底面抬高或下沉处理。

（2）边界界定

边界界定是另一种限定空间的方式，也是最重要的一种方式。一面墙限定了一个依托墙而存在的一边明确一边模糊的条状空间；两面不相交的墙限定了一个两边均明确但可延伸的条状空间，而相交的墙则限定了

图3-26 空间的形成

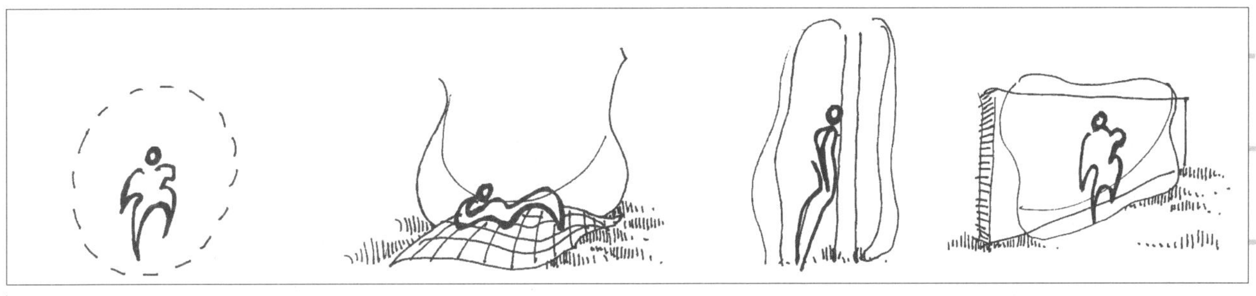

图3-27 人的空气泡——人是有空气泡的动物，或站或坐或靠或躺，周围就形成了一个无形的气泡，这个气泡里别人是不被欢迎的

图3-29 地面铺装划分休息区域

图3-28 地面铺装限定停车区域

图3-30 地面铺装引导前进的方向

一个开放的角状空间；三面相交的墙则使空间更清晰；如果四面都围合则形成了一个相对封闭的区域（如图3–31）。这时，我们为了使空间之间相互渗透，可以在墙上开门洞，开花窗，使内外景物互相资借。也可以改变墙的高度，加强可视性，或者换作植物，低矮的绿篱保证空间分割又区别，高耸的绿墙则遮挡人的视线，形成私密、神秘的空间。（如图3–32）

研究周围建筑物与场地高宽比是确认场地围合感的好方法（如图3–33）。高宽比为1：4时，垂直视角为14°，围合较弱，建筑可作为远景限定；高宽比为1：3时，垂直视角为18°，通常被认为是封闭空间的下限，建筑可作为背景限定；高宽比为1：2时，垂直视角为27°，围合感较好，可看清建筑整体；高宽比为1：1时，垂直视角为45°，通常被认为是舒适街道尺度的上限，可看清细部；建筑高度高于场地宽度，过于封闭幽深，但有时为了强调对比，也能产生戏剧性的效果。

场地的围合感不仅与边界高度相关，还和边界疏密度、边界形式相关，边界越致密，围合感越强，边界越规则，围合感越强，另外，角对于空间的界定要强于边对于空间的界定。

作为边界的事物多种多样，植物、建筑、柱、廊、景观墙、地形等都可以成其为边界。

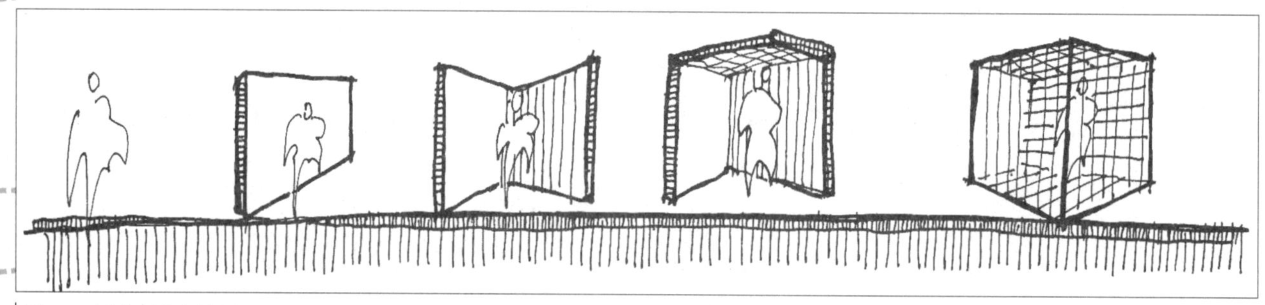

图3-31 围合程度与边界

图3-32 好奇的眺望——与人视线差不多高的遮挡物由于其后的物体半遮半露，容易激起人们的好奇心，引起好奇的眺望

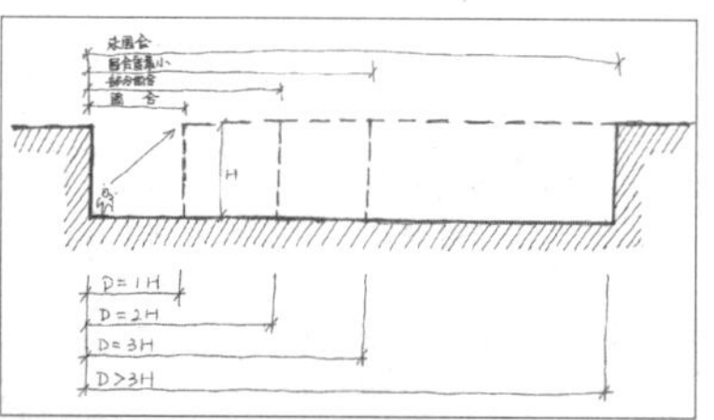

图3-33 围合程度与高宽比

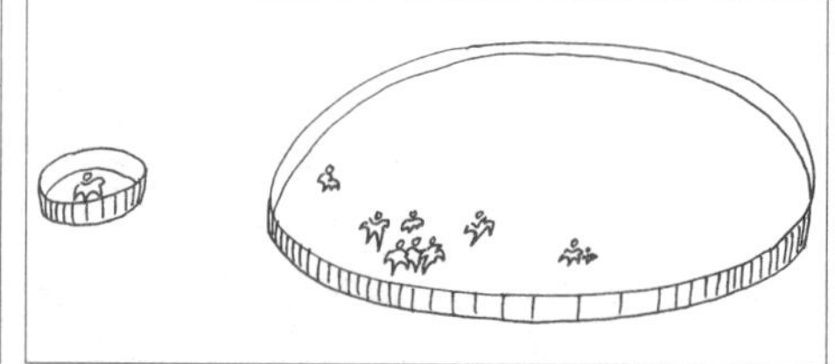

图3-34 大空间与小空间

（3）顶面界定

顶面界定一般需要和其他方式并用。一根杆支撑的一把伞，伞面以下就形成了一个以伞边为边界的向下延伸的柱状空间。葡萄架下的空间，张拉膜下的空间，树冠下的空间都是这一类型的。顶面限定比底面限定明确，心理感受强烈，所以人更喜欢坐在一棵浓荫密布的树下，更喜欢走在一个有顶的骑楼下。由于顶面的存在会投下阴影，所以有顶的空间有一种明确的内外感，坐在浓荫密布的小树林中的小凳子上，看到林外阳光下明亮的草坪，会有一种惬意或者冲动。沿着密匝匝的林荫道走着，看见尽头的一抹亮光，会产生前进的动力，吸引着你到另一个空间。

2. 景观空间分类与性格

景观空间有锥体空间、正方体空间、长方体空间、圆柱体空间、球体空间、螺旋体空间等；有单体空间、有组合空间；有简单空间、有复杂空间。各种空间有各种空间的性格。

简单空间显得宁静，复杂空间显得神秘；简单空间显得安全，复杂空间显得恐怖。单体空间显得单纯，组合空间则由组合方式的不同具有不同性格，如按照轴线序列排布，庄严稳定，按照逻辑序列排布，则自由活泼。

我们在设计的时候，由植被、建筑、小品等围合的空间往往具有一定形状，不同形状的空间也具有不同的性格。正方体空间严谨、整齐、稳定；长方体空间越长越具有流动性，胁迫前行，或导致升腾感；球体空间活泼、平稳又不失动态性；圆柱体空间具有长方体空间的流动感、球体空间的活泼感、正方体空间的稳定感，同时又具有自己的特色；锥体空间相对复杂，如果锥向上，则具有极强的升腾感，如果锥向前，则具有极强的引导性；至于螺旋体空间，引导人逐步向螺旋顶点滚动。我们设计不同的氛围选用不同的空间形式，可更好地表达我们的感情，同时引导观赏者的感情。比如纪念性的环境，通常选用严谨、稳定、胁迫前行，导向纪念物的空间组合成序列，帮助完成纪念主题。

3. 景观空间处理

设置景观空间是有技巧的，一个空间到另一个空间有时需要通过对比加强空间感受，有时又需要设置空间提示来暗示空间的转换。空间对比是强化两空间差异的好方法，通过对比，大的空间更大，小的空间更小（如图3-34）；明的空间更亮，暗的空间更幽；简单的空间更简单，复杂的空间更复杂（如图3-35），从而产生一种戏剧性效果。

但不是所有空间都需要对比，也需要有提示，来缓和不同带来的心理差异。底景倾斜、设置高差、设置豁口等都是空间提示的好方法。底景倾斜可以暗示空间展开的方向；设置高差可以明确空间的边界，加强归属感，设置豁口则使这种归属感更加强烈。（如图3-36）

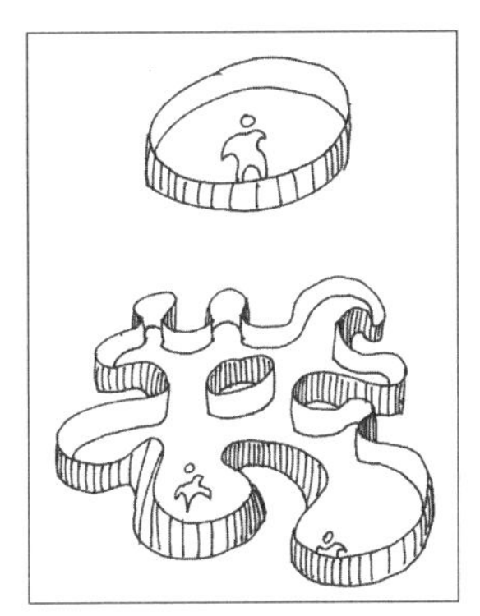
图3-35 简单空间与复杂空间

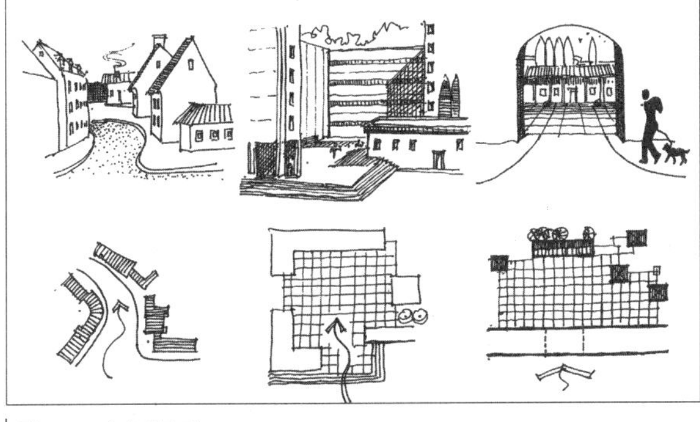
图3-36 空间提示

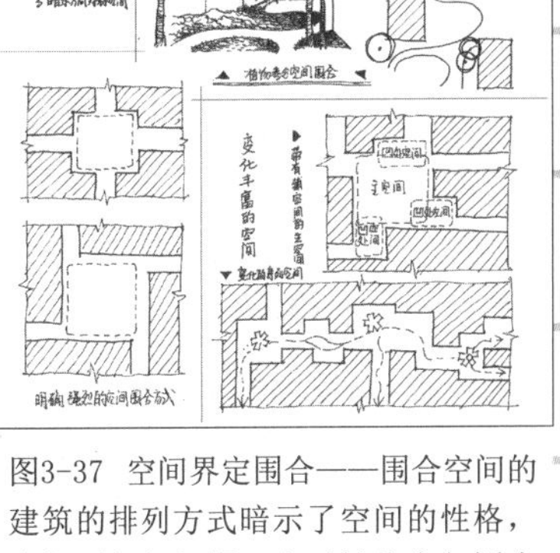

图3-37 空间界定围合——围合空间的建筑的排列方式暗示了空间的性格，我们要好好把握，有时植物参与围合空间能使空间边界软化，而转角凹处的小空间则是最能体现景观特色之处

总之，需要我们的长期研究与实践，利用一些小的细节，以期形成富有特征的景观空间。（如图3-37）

4. 景观场所感的形成

场所与空间的不同在于场所是孕育了感情与记忆的空间，是有生命的空间。我们仅仅了解空间的生成方式还不行，生成一个空间仅仅完成了景观设计的一半，我们要把这个空间变成有情感、有思想、有韵味、有归属感的场地还需要在空间中加入一些元素，通过这些元素来协助空间转化为我们活动的场地，而这些元素并不能无序地散置在场地中，需要进行有序的组织。下面介绍几种场所形成的方式。

（1）模仿自然形成自由而富有生机的场地

模仿自然是生成活泼、开朗、生机、自由各种情感空间的常用手段。中国园林一直以来都有这种传统，中国讲究本于自然，高于自然，“虽由人作，宛自天开”，“一勺则江湖万顷，一峰则太华千喻”。虽然我们现在不必刻意地营造古人所崇尚的文人写意山水园的意境，但我们应该把对于自然的模仿理解为场地对于生态、生机、自由的追求。

（2）几何构形形成大气恢弘或庄重严谨的场地

几何构形是利用规则的、有迹可循的直线、几何曲线生成或严谨或肃穆或震撼或稳定的各种情感空间的常用手段。对于纪念性场合用这种方式形成场所感再好不过了。但是运用这种手段的时候一定要注意分清场合，不要过于追求图案化，而忽视人的感受。炎炎夏日，人们需要树荫更胜于模纹花坛，前段时间各地刮起的广场风、草坪风里对这种手段进行了滥用，我们要把握好分寸，对于展示性建筑前广场，高楼林立的场所，可以适当考虑运用这种方式体现广纳博收的大气与恢弘，而对于组团绿地这类小空间更适合于自然的情调。

（3）转译历史形成有记忆、有故事的场地

空间并不是凭空存在的，为了延续所在土地的场所精神，我们需要对于土地本身做一些研究。北大俞孔坚教授曾说，我们需要尊重场地的神，这里的神并不是一种虚无的东西，他指的是对于地方文脉、地方精神、场地历史的重视。所以我们需要把历史的编码通过各种元素转译出来，讲述一个生动的故事。广东中山的岐江公园即是一例。它提出发现野草之美、足下之美、工业文明之美，将原本是粤中旧船厂的基地改造成一块保留工业文明记忆、寄托周围居民情感的现代公园。（如图3–38）

（4）隐喻时代形成个性鲜明、生机勃勃的场地

不是所有场地都有辉煌的历史和可以发掘的历史，不是所有场地都有必要发掘历史，我们还可以通过景观设计体现时代的精神，振奋人们的思想、启发人们的心灵，甚至展望未来。方式多样，可以通过具有时代感的元素，直接给人们一个看似无意义的休闲空间；可以结合具有时代感的雕塑，体现时代精神。例如青岛五四广场“五月的风”的雕塑，向人们展现了一个生机勃勃的青岛形象（如图3–39）。再如公园中利用现代材质、现代科技，设立风铃一样的风之吻雕塑，或设置顶端带发光二极管的碳纤维棒，收集太阳能，晚上像萤火虫一样飞舞的雕塑都是一种不错的选择。

图3-38　广东中山岐江公园

图3-39 青岛“五月的风”

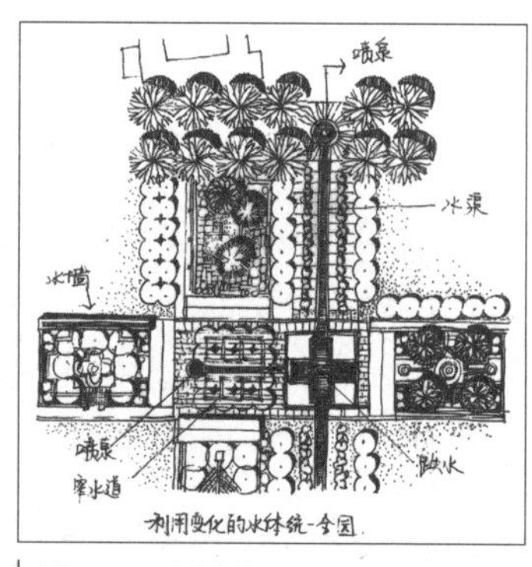

图3-40　多样统一原则在景观中的运用——利用变化的水体统一景观，利用水体的变化丰富景观

四、基于形式美原则的景观设计

景观设计中不能不提到形式美的原则，中国古人造园中早就不经意地使用了这些原则，他们称之为造园法则。这一部分将中国先人的造园法则加以归纳整理，融进形式美原则的大框架中加以总结。值得提出的是，本书在一般形式美原则的基础上增加了动态烘托、景观序列、情感语言三条原则，其实这三个方面是传统形式美原则的重要表现，单独并列出来是为了强调景观是有活力的动态系统，是一种循序演进的、有人情味的生动空间。

1. 多样统一

多样统一是景观设计中的一条重要原则（如图3–40），其中调和、主从、联系常作为变化中求统一的手段，而对比、重点、分隔则更多地作为统一中求变化的手段。在景观布局中，常同时存在，相互作用，必须综合考虑。此外，要注意处理手法的一致性。

（1）对比调和

城市空间中的景观信息错综复杂，人的视线只能在众多的景观信息网络中跟踪、寻找，如果要想人们对其中的某一景观元具有高度的视敏度，对比无疑是一个很好的方法。对比会使双方的差异性增大。“万绿丛中一点红”正说明了这个道理。中国古典园林造景手法中虚景与实景的对比即属于此例。所谓虚景，是指水中的倒影、镜中的虚像等不实际存在的景象；而实景则正好相反。虚实对比能使虚景更虚，实景更实。

对比有好多种，反映高低、大小、长短、繁简、一般与特殊的形体对比（如图3-41）；反映动静、曲直、自由与规整的形态对比；反映色彩冷暖、明暗的色彩对比；反映材质轻重、软硬、光滑与粗糙的材质对比；反映开闭、虚实、幽闭与公共的空间对比，等等。如北京，对三环以内建筑高度的控制，正是为了保证天安门的绝对引视度。再如苏州，小桥流水人家，之所以让人感觉温馨静谧，流动的水与周围硬质空间的对比无疑起到了相当的作用。

调和则强调的是一种相似性。如果景观中满眼是对比，则会使人无所适从，所以我们需要调和。比如植物的种植形式，与周围铺装形式调和（如图3-42）；再如群植，丛植的时候，总体上树种不要太多，保证一个基调，在这个基调上点缀几棵具有对比效果的其他树种，或色彩上，或季相上，或体量上，完成植物景观。调和与对比有时可以相互转化。（如图3-43）

（2）韵律节奏

也就是一种重复，以及由重复带来的音乐般的节奏感。梁思成先生在研究中国传统建筑柱窗关系时发现，柱与窗的间隔就形成了优美的旋律。我们都知道一个物体也许本身并不起眼，但当它以一定规律反复出现时，我们不得不注意到它的存在，或者说它存在的价值得到了加强。上海，其实殖民建筑并不仅仅分布在外滩一带，但为什么只有外滩的被称为万国建筑博览？很大程度上取决于它在有限地段上的大量出现。

图3-41　对比——水面植物群落和建筑水平伸展的线条与水杉垂直线条的对比

图3-42　调和——植物的种植形式与周围铺装形式调和

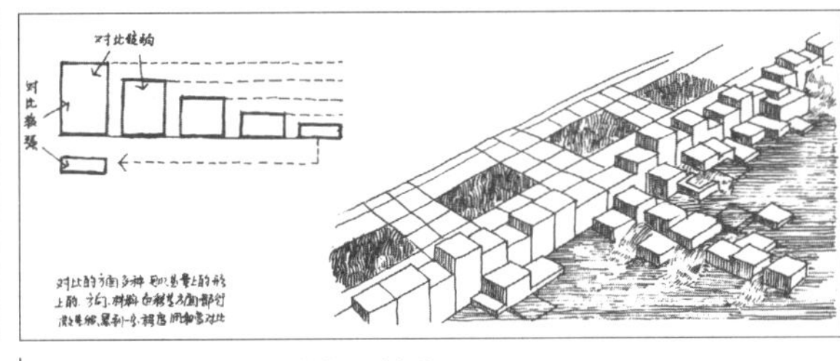
图3-43 对比与调和的相互转化

韵律也有多种，重复韵律、间隔韵律、连续韵律和拟态韵律。重复韵律由于它的绝对相同有时不免单调，间隔韵律（相同元素的间隔出现）、连续韵律（元素逐渐变化形成的重复）与拟态韵律（相似元素的重复）则在不同程度上克服了这一缺点。

（3）主从与重点

正如叠山要考虑宾主之分，植物配置要考虑骨干物种、基调物种一样，多样统一规律要求我们要对景观中众多的景观元素进行整理，区分主次，如：主要入口、次要入口；主要空间、次要空间；主要景点、次要景点；主要建筑、次要建筑等等。以便达到主题明确、主次分明的效果。

突出主景的方法很多，中国古典园林造景中对景、夹景即是好方法。所谓对景是指景物与观景点的位置相对，而夹景是指在轴线或透视线的两侧，设置植物、建筑、围墙或微地形等屏蔽掉两侧的景观，把我们的视线直接引向轴线端点的景物。我们可以利用对景、夹景的手法，把主要景点置于轴线的焦点或端点；也可以采用构图的原则，让主要景点居于构图中心或重心；还可以让周围的配景与之成呼应之势，众星拱月一样，强化主景。

主从与重点中还需要注意的是配景并不因为不是主要的就不重要，要学会成为配角，要起到很好的陪衬作用，既不能草草，也不能太抢风头。比如作为雕塑的背景林，虽然是配景，但是却必不可少，树形、疏密程度、叶色等都要仔细选择，以期更好地烘托前面的雕塑。

（4）联系与分隔

联系与分隔是景观中必不可少的，我们需要划分区域、安排不同的活动，但是又不希望彼此毫无联系。中国古典园林向世人展现了形形色色的花窗，为联系与分隔空间创造了便利（如图3–44），而造景手法中更有很多涉及联系与分隔，如障景、隔景等用来分隔空间，而框景、漏景、借景等则是处理空间渗透的好方法。

障景是在观赏点与景物之间设置障碍，让人不能一览无遗地看透，必须绕开障碍物才能欣赏到后面的景色，所谓开门见山即是一例。而隔景是划分空间的手段，为取得小中见大的效果，隔景可以是实隔（视线完全不通透）、虚隔（低矮灌木、微地形、水体等分隔，视线畅通）和虚实隔。虚实隔则涉及框景、漏景等手段并用。框景是由画框框画而来，欣赏者透过门洞、窗洞等景框看外面优美的景物，通过合理选择景框的位置可以将不良的景观屏蔽，“佳则收之，俗则摈之”；漏景则是通过制造漏窗、树缝、花架等空隙，让景物若隐若现。在实墙上开门洞、窗洞、漏窗，种植稀稀疏疏的树即成为虚实隔。

借景是古典园林中很重要的一种造景手段，借以扩大景深、增添层次。所谓借景，是指把原本不属于园中的景致收入园中。近借流水、远借群山、邻借花木、俯借丘壑、仰借天光、春借桃李、夏借荷香、秋借红枫、冬借残雪。

以上谈到的是空间划分上的联系与分割方法，不仅仅空间划分，甚至对于单独的景观元素也存在着这一组织规律。深圳的深南大道边有两栋姊妹楼，该楼的奇特并不是因为它们的造型独树一帜，而在于其构图的完整，两栋楼房以墙面为纸，瓷砖（涂料）为墨，共同勾勒出一幅世界地图。这也是互锁图形在景观设计中的一种应用。所谓互锁，是指两个各自独立的事物可以合成一个完整的整体，互锁图形在景观中常常用于统一两个分开的景点，使之分而不散。

2. 均衡与稳定

景观布局中要求景物的相互关系符合人们在日常生活中形成的平衡的概念，所以除少数刻意追求的特殊效果外，一般艺术构图都力求均衡稳定（如图3–45）。均衡是指景观布局中的部分与部分的相对关系，例如左与右、前与后的轻重关系等，而稳定是指整体上下轻重的关系。

（1）对称均衡

对称布局是有明确的轴线，在轴线左右完全对称，小至行道树的两侧对称，花坛、雕塑、水池的对称布置，大至整个景观布局。对称均衡布局常给人庄重严整的感觉，规则式的景观设计中采用较多，如纪念性景观，公共建筑的出入口景观等。但常常过于呆板而不亲切。

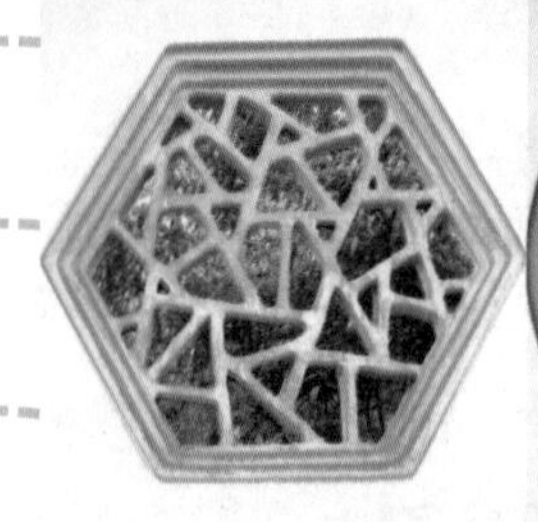

图3-44 中国古典园林的花窗

图3-45 均衡与稳定——植物种植点构成不等边多边形，而建筑则位于这个多边形的重心位置，构图均衡稳定

图3-46 建筑的灵秀衬托山体的宏伟

图3-48 建筑与山比例失调

图3-47 山的绵延衬托建筑的宏伟

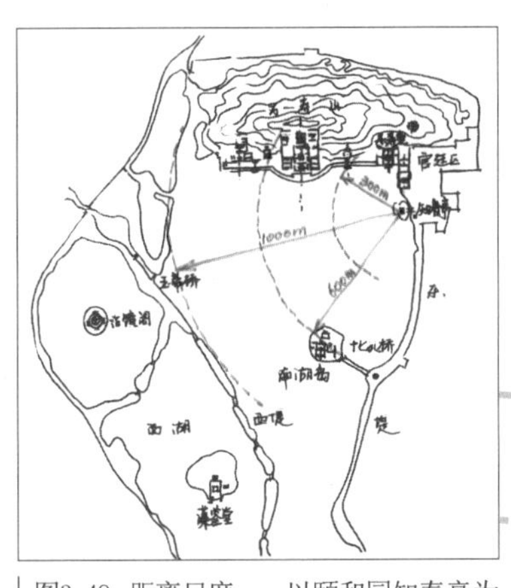

图3-49 距离尺度——以颐和园知春亭为观景点，600m左右是观看建筑群体景观的极限，万寿山前山建筑群与南湖岛建筑群正在这个距离内，而1000m左右几乎是人眼看物的极限，玉带桥似隐似现，站在知春亭内，周围湖山建筑景观呈长卷展开

（2）不对称均衡

在景观布局中，由于受功能、组成部分、地形等各种复杂条件制约，往往很难也没有必要做到绝对对称形式，在这种情况下常采用不对称均衡的手法。不对称均衡的布置要综合衡量各设计构成要素的虚实、色彩、质感、疏密、线条、体形、数量等给人产生的体量感觉，切忌单纯考虑平面的构图。

不对称均衡的布置小至树丛、散置山石、自然水池；大至整个景观设计，轻松、自由、活泼、变化。应用广泛。

（3）稳定

稳定是指景观建筑、山石和植物等上下、大小所呈现的轻重感的关系而言。往往在体量上采用上小下大的方法来取得稳定坚固感。另外，在园林建筑和山石处理上也常利用材料、质地所给人的不同的重量感来获得稳定。如在土丘上，往往把山石设置在山脚部分而给人以稳定感，或者设置建筑的时候在建筑后用植物与天空过渡，有时还会布置两层，常绿的一层较矮，落叶的一层较高，来获得稳定感。

3. 比例与尺度

比例是事物各部分、事物与事物之间的比例关系。

长期以来人们积累了相当丰富的实践经验，例如黄金分割比（0.618），菲波纳契数列（1、1、2、3、5、8、13……），等差数列、等比数列等等。实践中我们将这些经验运用，创造了美的景观，我们的古建筑就凝聚了先人的经验，比例和谐，轻盈灵动，我们仍能使用这些成果，设计和谐的美景。现实中我们常常使用的三分之一原则即是黄金分割比的简化，三分之二统一、三分之一变化，使得整体既协调又多样。

景观设计中，也常常考虑人的观赏感受来确定比例关系，以此衡量景观设计的好坏，体现对人的关怀。例如场地与周边建筑的高宽比，建筑与周围环境的大小比例等。（如图3-46，图3-47，图3-48）

尺度是和物体的比例关系紧密相关的。景观设计的尺度很多时候也是以人本身为标尺，顾及人的感受。

距离尺度，两个人处于1~2m的距离时，可以产生亲切的感觉，是一种私密距离；相距10m左右仍能看清对方表情，相距25m左右时能看清对方整体样貌，相距100m能辨认对方身体姿态，相距1000m只能看见一个是否运动的点了。给不同的社会活动设计不同的距离，有利于拉近人与人的关系。对于建筑单体、建筑群体的观赏也有一个距离尺度（如图3-49）。对于线性景观，也有一个不至于审美疲劳的尺度模式，日本芦原义信提出在外部空间设计中采用20~25m这样一个模数，每隔这个距离景观发生微小改变，不至于视觉疲劳。例如道路两侧绿化每隔20~25m变换一下植物种类或者种植方式等，使得景观不至于单调。

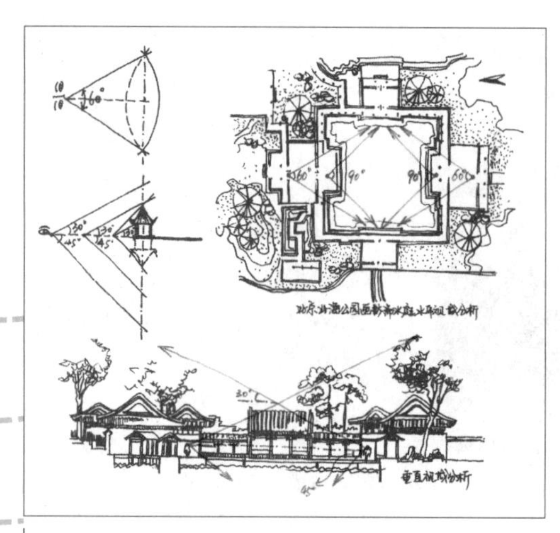
图3-50 人眼的视角分析——北京北海公园画舫斋水庭的尺度十分亲切，不论从水平视阈还是垂直视阈都能观赏到最佳的景观

图3-51 尺度的相对性

图3-52 高速公路景观雕塑鹤鹿同春

图3-53 蕉窗夜雨
——窗外芭蕉的情感语言

视阈尺度，人的视阈也具有一个合适的观赏范围，正常情况下，人眼不转动，可视范围成锥体形状，上略小，30°，下略大，45°，左右大约60°，这是极值，舒适值更小。所以我们设计景物的范围，高度都要在这个范围内（如图3-50），当然有时为了产生特殊效果可以故意夸张，比如超高的佛像须仰视来表达崇敬之情。

尺度具有相对性（如图3-51）。相对不同的人，情况会变化，例如儿童公园尺度偏小。相对不同的活动，尺度也会变化。例如步行街，接近人的尺度，使人倍感亲切，渲染轻松的商业氛围；高速运动的线路两旁景物尺度偏大，便于运动过程中的观赏（如图3-52）；纪念物，尺度扩大，使人瞻仰。当然也有为了追求某种效果，故意反其道而为之的。比如美国的越战老兵纪念碑，一改以往纪念碑高耸的风格，刻意营造一种平等、亲近的交流效果，将碑体折线下挖，形成一个下沉空间，突出主题——"被人遗忘的角落"。

4. 动态烘托

人眼的视神经对动的事物总是要相对敏感。因此，景观空间构图中有目的有安排地插入跳动的元素无疑会增加环境的感染力。武汉，江城的由来正是滚滚东逝的长江的恩赐。这是自然赋予的优势，人为构图也可以借鉴。广场中心设置喷泉，商业建筑上空悬挂彩球都将成为景观的点睛之笔。

5. 景观序列

这里涉及一个空间序列的展开过程，有一个广义的轴与狭义的轴的问题。狭义的轴线关系，即景观元素以有形或无形的直线为轴，完全对称或均衡对称，前者要求绝对相同，后者要求重心或视觉重心在轴上。广义的轴线关系，是一种延伸了的轴线意义，是借轴线来说明一种空间演进方式。它的轴就好像一条链子，把景观元素逐一串联起来。不管是广义还是狭义的轴，踱步其上，渐入胜境的过程中，环境主题逐步强化、环境意义逐步突出、环境气氛逐步深入。江南古典园林常用一连串大小不等的空间对比，使小的空间更小，大的更大。

6. 情感语言

在不同的时间、不同的地点、不同的环境气氛下，城市不同年龄层次、文化背景、心理状态的人对空间的环境元素本身或组合会有某种心理的感悟，或者说感情的共鸣（如图3-53）。中国古人常用楹联题匾作点睛之笔，称之为点景。合理利用这些环境元素及其组合的情感语言无疑对创造、深化城市空间构景是有益的。例如，中国古人的君子比德，松竹梅岁寒三友，梅兰竹菊四君子，园林意境均是一种情感语言。不同的景物给不同的人不同的感受，石材给人的感觉厚重、沉稳、有历史积淀感，常用作纪念性建筑物、构筑物以及博物馆、纪念碑等。再如，红色、黄色，是血的颜色和权力地位金钱的颜色，构成了中国历代帝王宫殿的基本色。合理利用这些情感语言营造氛围，给意境赋予新的生命力。

第二节　景观设计的要素

景观是各个要素的综合作用的结果，这一节为了阐述方便，将各要素按照不同的分类方法归纳为视觉要素与物质要素两大类，其中将通常所说的造景元素归入物质要素，分为地形、道路、建筑小品、植物等，而单独不能构成实体的，但又是视觉欣赏的重要元素归入视觉要素，分为色彩、形态、材质等。

一、视觉要素

1. 色彩要素

在千变万化的自然界里，蕴含着一个色彩的世界，这是从自然界中抽象出来的，不考虑形、质、体等因素的世界。色彩有丰富的感情，暖色热情、欢快、活泼，冷色平和、宁静、理智；暖色偏重，冷色偏轻；暖色干燥，冷色湿润；暖色有迫近感，冷色有远退感。我们对于色彩的感知，源于光对人的视觉和大脑发生作用的结果。在景观场所中，我们通过眼睛感知的景物色彩，有物体色和固有色两种区别，白天的景观呈现出一片和谐的固有色，而夜景设计中我们观赏的大半是在灯光照明下的物体色。我们要合理利用各种色彩来营造宜人的景观氛围。

（1）利用颜色对比，营造景观氛围

景观设计中我们常常强调背景与前景之间在色彩上一定要拉开差距，使前景更突出、更醒目（如图3-54，图3-55）；利用不同的阴影关系，造成色彩明度的对比，形成幽静与喧闹之别。例如，我们还可以用一片沉稳的深绿色树丛作为背景，在此前划出一片一片的地块，布置各种不同的色彩明快的植物，形成盛花花坛或者花境，欣赏春的盎然。还可以利用空气透视，以色彩朦胧的背景，衬托前景。（图3-56，图3-57，图3-58）

色彩给人的感觉

色相	温度感	距离感	重量感	胀缩感	色彩性格
红	暖	前进	重	膨胀	兴奋、热烈、吉祥、喜庆、警戒、革命、愤怒等
橙	暖	前进	重	膨胀	活泼、欢喜、爽朗、丰收、激动、浪漫等
黄	暖	前进	重	膨胀	欢快、光明、甜美、尊贵、希望等
绿	冷	后退	轻	收缩	舒适、年轻、生机、新鲜、和平、安全等
蓝	冷	后退	轻	收缩	凉爽、宁静、清新、广阔、平和、雅致、端庄等
青	冷	后退	轻	收缩	冷静、孤独、空旷、清新、沉静等
紫	冷	后退	轻	收缩	妩媚、华丽、淡雅、高贵、神秘、沉静、热情等
黑			重	收缩	阴森、沉闷、沉静、权威、坚固等
白			轻	膨胀	洁净、明朗、神圣、纯洁等
灰					随和、沉静、平凡、消沉等

图3-54 色彩对比成功的例子——西安大雁塔景区的雕塑在白雪的衬托下鲜艳夺目

图3-57 空气透视下的湖面景色更显得层次分明

图3-56 淡蓝色的背景，更加凸显了前景的艳丽

图3-55 色彩对比失败的例子——雕塑的色彩与周围树木、指示牌、护栏柱的色彩几乎相同，不易区分，同时由于护栏的隔离距离过远，致使雕塑成为一个个没有细节的黑色体块

图3-58 朦胧的城市背景衬托下的寺庙显得那样挺拔，古典建筑与现代建筑极其协调地并立

万绿丛中一点红，对比的运用要注意的是适度，以植物设计为例，我们往往使用成片的颜色产生对比，或者成片的颜色之中点缀性的对比，切忌大规模的“万紫千红”，即满眼的颜色各自竞相亮相，会造成杂乱无章的感觉，令人无所适从。

（2）利用颜色调和，营造景观氛围

景观设计中，我们不仅仅使用颜色对比来完成场景塑造，更多使用的是颜色的调和，以保持景观的整体性与延续性。现实的景观中，自然物往往以其绝对的体量形成我们对景观色的整体感觉，同一阳光照射下蓝色的水，绿色的树，土黄色的泥与灰色的岩石，都呈现出一种调和的感觉，所以我们看到的景象和谐、整体。我们的设计也可以仿照这种方式，在明度、纯度或者色相中统一一种或者两种，变化另两种或者一种，完成某一个景观场所的营造。

（3）注意不同颜色的构图关系

我们要关注不同颜色的位置关系、向心趋势等构图原则，使景观呈现一片均衡稳定、主次分明、循序渐进的和谐景象。如暖色在下、冷色在上，暖色在中、冷色环抱，暖色在前，冷色引导，这种构图方式让人感觉稳定、均衡，希望在前。当然根据实际情感需要也可以有所突破，如果冷色在前，暖色引导，则是一种让人感觉兴奋之后趋于平静的设计。

（4）注意不同国家及地区对色彩的好恶差异

不同的色彩有其自身的情感语言，这种情感语言是人们长期生活感悟的积淀，不同的国家和地区由于其生活环境、文化习俗、宗教背景等的差异，导致了对色彩好恶的不同。例如长期生活在黄土高原上的人们，或者长期以农业生产为主的人们，出于对色彩多样化的追求或者丰收喜悦的流露，导致了他们对浓烈色彩的喜爱，大红大绿，是一种喜庆的气氛；而生活在灯红酒绿的上海，看惯了花花绿绿的颜色，人们反而追求一种沉稳的灰色，通过黑白灰来协调满眼的艳丽。我们的设计要关注这种差异。

2. 形态要素

千变万化的自然界，拨开其复杂的外形，其实就是由极其简单的四要素组成，即我们常常提到的点线面体。我们常常被其他外表所迷惑，而忽视了它们的存在，实际上景观场所的营造离不开这四种基本的要素。（如图3-59）

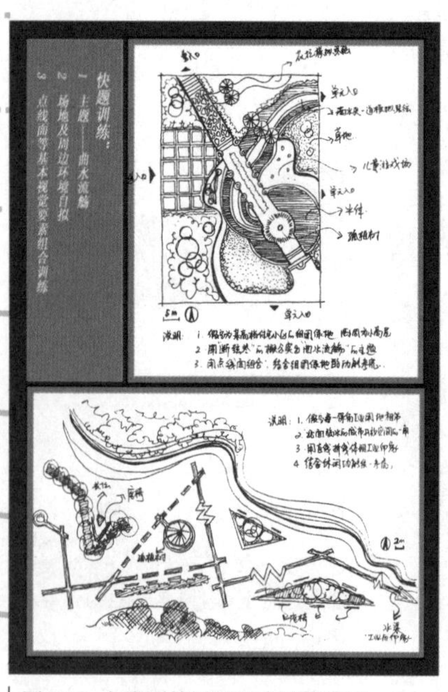

图3-59 点线面等视觉要素组合训练

不同国家及地区对色彩的爱好与禁忌

国家	喜好色	禁忌色
美国	鲜艳色	黑色
瑞典	黑、绿、黄	蓝黄色组
荷兰	橙色、蓝色代表国家，多用于节庆	
瑞士	蓝、红、绿等鲜艳色	黑色
德国	奶黄、咖啡	深蓝、黑
法国	粉红（少女）、蓝（少男）、雅灰、黄	黑、黑绿（纳粹服）
意大利	食品及玩具喜用鲜艳色，服装和包装喜用淡雅色	紫色
英国	蓝、金黄	黑色、红色（不吉祥）
希腊	白、蓝、黄、绿、紫	黑色
印度	鲜艳色	黑色、白色
泰国	黄色及鲜艳色	黑色
新加坡	红、绿、蓝、白	黑色标志上禁止使用宗教语言
巴基斯坦	绿、金、银、翡翠等	黑色、黄色
叙利亚	青蓝、绿、红、白	黄色（僧侣服）
摩洛哥	红、绿、黑	白色（贫困色）
秘鲁	红、紫、黄	紫色平时禁用，仅用于宗教仪式

（1）点要素

点是万事万物构成的基础，在数学里，点没有形状大小，仅仅表达一种位置关系，但在现实的景观中，常常需要有一定的体量来吸引人的注意。我们对于这类景物要素，往往以点的思考方式考虑其设计，比如列植的树，或者树阵中的树，我们更多考虑的是作为点的树的排列关系，所以这时树本身的种类、形状、大小、色彩等等尽可能统一而纯净，以免破坏我们对其位置关系的欣赏（如图3-60）。著名的拉维莱特公园中，有人批评正是由于各个点要素过于新奇夸张，追求自己的个性，导致我们忽略了对于屈米整体思想的把握。

（2）线要素

线是点的延伸，也可以看作是面的交汇，在数学里，线只有长度、方向，没有宽度。各种不同的线型有不同的思想情感，直线庄重、严谨，几何曲线活泼中不失规矩，自由曲线随意、亲切。我们可以用不同的线型传达不同的景观感情。中国古典园林的道路多蜿蜒曲折，是一种自由曲线，踏之漫步，亲切、自然；西方古典园林的道路多呈一种几何方式延伸，给人感觉理性、直白（如图3-61）。在凡尔赛宫中用轴线表达一种绝对的君权；在广东中山的岐江公园中，则用直线传达工业时代的印记（如图3-62）。另外，对于建筑、构筑物的设计，线型也可以传达思想，纪念碑的线型往往尖斜向上，把人的视线、思想引向茫茫天际。线还可以是我们想象中的，例如群植树丛的林冠线，往往是空间围合的变化因素，灵动、活泼。

图3-60 榉树广场

图3-61 德国海德豪森

图3-62 中山岐江公园

（3）面要素与体要素

面是线的延伸，体是面的延伸，这两种形态由于有面积、大小，所以更容易被感知。不同的面与体有不同的感情色彩，同时还因为有材质的附着，呈现了其独特的特点。景观中的面和体既可以是实的，也可以是想象中的和虚的。例如框景，即是把空间中的景物用景框浓缩在一个想象的平面中，这使我们的设计可以用二维平面绘画的原理来指导三维空间设计，是否有近景、中景、远景，景观层次是否丰富，画面构图是否合理等等，如果不是，如何对空间中的景物组合加以调整，或者改变景框的位置。另外，体要素也可以围合空间（见“基于空间构成的景观设计”）。

3. 材质要素

不同的材质由于其化学性质和物理性质的不同，带来不同的视觉感受，继而引发观赏者不同的情感。材质有自然材质、人造材质；有坚硬材质、柔软材质；有光滑材质、粗糙材质等等之分。我们设计的时候不同的景观场所配以不同的材质，来完成我们对于景观的塑造。例如由于功能的需要，一级园路路面材质多相对平整，以利通行，游步小道则可以用鹅卵石等较粗糙的材质，形成丰富的图案美，或具备脚底按摩的功能，需要注意的是，室外地面铺装不宜过于光滑，尤其是雨天容易摔倒。不同材质的对比也能形成良好的景观效果，如植物配植时，叶片大的、稀疏的粗质感植物与叶片小的、致密的细质感植物搭配，更能突出彼此特点。粗糙的材质在夜景设计中，多用侧光照明，以期利用阴影夸大材质的特点。在运用材质要素的时候要注意外部观赏条件的变化，如观赏距离的远近、观赏速度的快慢等，如果远观或者在高速行驶的途中动观，注意的是观赏物的形状、色彩、尺度等，质感往往被忽视，因而盲目地选用高级材料只会造成浪费。

二、物质要素

1. 景观地形

明计成在《园冶》里说："约十亩之基，须开池者三，曲折有情，疏源正可；馀七分之地，为垒土者四，高卑无沦，栽竹相宜。"景观地形，是指景观中地表面各种起伏形状的地貌。在规则式景观中，一般表现为不同标高的地坪；在自然式景观中，往往因为地形的起伏，形成平原、丘陵、山峰、盆地等地貌。景观地形可划分空间，改善植物种植条件，提供多种生态环境，承载各类活动项目，为建筑小品的设计提供多样的立地条件等（如图3-63）。景观地形设计可概括为四大方面：

（1）平地

平地是指坡度比较平缓的用地，这种地形在现代景观中应用较多。为了组织群众进行文体活动及游览风景，便于接纳和疏散群众，必须设置一定比例的平地，平地过少就难于满足广大群众的活动要求。景观中的平地有草地、集散广场、交通广场、建筑用地等。需要注意的是平地不平，必须满足一定的排水坡度。

（2）堆山

堆山能形成高低起伏的诗意地形，能获得登高远眺的场所，还能组织空间、分隔空间和遮挡视线，同时也能丰富景观建筑立地的条件和景观植物的栽植条件，并向空中争取游人活动的场地，丰富景观艺术内容。现代景观中堆山要注意以下几点：

图3-63 地形的景观作用

①因地制宜，尽可能改造、利用地形而不是重塑地形。现代景观设计中可整理改造原有山体，可利用场地内现有条件进行山体创作，可于场地西北面堆山，阻挡冬季寒风、争取向阳空间等。上海的公园中，20世纪50～60年代的杨浦、和平、虹口公园因日伪时期弹药库、靶场而堆山；70年代的人民公园因人防工程出气口而堆山；80年代的枫泾公园利用原址土丘而设计地形；90年代的滨海人工森林为改善种植条件和景观而堆山；现在闵行区和环线指挥部计划利用七宝附近垃圾山作公园，等等。

②现代景观设计中的堆山，尽可能在场地内完成土方平衡，减少工程成本，同时节约土方，不宜过分追求高、峻的效果。可利用远处原有的山峰形成余脉，或者高出人的视线2m左右围合空间，走在其中通过强迫视距的作用即可有深山林密的感觉，山的组合

各类地表的排水坡度（%）（资料来源：《公园设计规范》CJJ48—92）

地表类型		最大坡度	最小坡度	最适坡度
草地		33	1.0	1.5~10
运动草地		2	0.5	1
栽植地表		视土质而定	0.5	3~5
铺装场地	平原地区	1	0.3	–
	丘陵地区	3	0.3	–

要有俯有仰，有开有合，形成呼应关系，还可有些动势与小转折以形成趣味。同时，堆山一定要注意安全，不要超过各种土壤的不同休止角和地面承载力，尤其不要有石料的倾斜翻滚，造成事故。对于原地表熟土，原河塘腐泥，也应充分利用。

③充分协调各种景观要素与山的关系，植物配置要烘托山形，从山脚到山顶依次选择、控制植物的高度；水景设计也可结合山体，引水入山，形成溪涧、山泉、跌水、湖池等景观，山环水抱；道路的设计也要结合整个地形一起考虑，峰回而路转，互相关联。注意山路如坡度太大时（6%以上），应顺等高线方向作盘山路上升，坡度再大时（10%以上），则应做台阶。建筑要依山傍水，或藏或露，不可用大体量的景观建筑，以形成比例失调之感。

④现代景观中更多的不是堆山，而是形成微地形以打破场地原有的单调感并塑造空间（如图3-64），或者以简单的石景、地形引发人的联想（如图3-65），更有甚者将土地作为雕塑的对象等等。（如图3-66）

图3-64 清华校园起伏的草坪

图3-65 野口永加州剧本

图3-66 明尼阿波利斯市联邦法院大楼前广场

（3）叠石

宋代著名山水画家郭熙在《林泉高致》中对山石的描绘：“春山艳冶而如笑，夏山苍翠而如滴，秋山明净而如妆，冬山惨淡而如睡”。扬州个园也有以山石为景而分别象征春、夏、秋、冬四时景色的做法。石材天然轮廓造型俊俏，质地粗实而纯净，我国古典园林中曾有“无园不石”之说。我国选石有六要素：质、色、纹、面、体、姿。经常使用的石材有：

花岗石。我国许多地方出产，是现代景观中普遍使用的石材，坚硬色灰，除作山石景观外多用为工程小品。

太湖石，石灰岩。在景观中应用较早，色以青黑、白、灰为主，主要产于江浙一带山麓水旁。质地细腻，易为水和二氧化碳溶蚀，表面产生很多皱纹涡洞，宛若一尊抽象艺术品。

黄石，细砂岩。色灰、白、浅黄不一，江苏常州、苏州、镇江一带出产的较佳。材质较硬，因风化冲刷，造成沿节理面的崩落分解，形成许多不规则多面体，石面轮廓分明，锋芒毕露。有别于油润浑圆的黄蜡石，后者主要产于两广地区。

英石，石灰岩。色青灰、黑灰等，常夹有白色方解石条纹，产广东英德一带。因山水溶融风化，表面涡洞互套、褶皱繁密。

斧劈石，沉积岩。有浅灰、深灰、黑、土黄等色。产江苏常州一带。具竖线条的丝状、条状、片状纹理，又称剑石，外形挺拔有力，但易风化剥落。

锦川石。表皮似松皮，状如笋，色淡灰绿、土红，带有眼窠状凹陷，形状越长越好看，现在锦川石不易获得，但精心仿造可以假乱真。

还有一种是利用水泥混合砂浆、钢丝网或GRC（低碱度玻璃纤维水泥）作材料，人工塑料翻模成型的假山，又称“塑石”、“塑山”。

景观叠石时安全是第一要点，现代景观中石叠假山应用较少，石材通常只起局部点缀、提示、寄托、补充等作用，形成山幽林密的氛围或林泉雅致的情调，切勿滥施，导致造价昂升，失去造园的生态意义。山石的选用要符合景观设计的意图，与整个地形、地貌相协调。例如，规划要求是个荒漠园，就不宜用湖石；同时在同一地域位置，希望不要多种类的山石混用，以免造成混乱；另外，与山、水、建筑结合布局时，宜三五成群，散置于山麓、林下、路旁、台阶边缘、建筑物角隅，或为几凳，或为基座，或为花钵，有时又成为不同材质、地形过渡的自然提示。

（4）理水

我国古典园林当中，山水是密不可分的，山因水得活。古典园林的用水从布局上看可分集中用水与分散用水两种形式，各自结合其不同条件形成不同的景观特点。现代景观中的水能使景物生动起来，能划分空间，能打破空间的闭锁，能调节气温，改善环境质量，进行各种水上运动，提供水生植物的立地条件，还可用于生产和生活，防灾救灾等。（如图3–67）

现代水景可分为动水和静水，自然式水景和规则式水景等，不论哪种形式的水景其设计灵感均源于自然（如图3–68），其设计时要注意如下问题：

①景观水体是自然式还是规则式，是隐还是现，是动还是静，营造何种氛围，由整体的地域位置、景观主题、功能区划、观赏需求、活动状况等因素而定。安全是首要因素。一般硬底人工水体近岸2m内坡宜缓（1/3～1/5），水宜浅（0.4～0.6m），超过0.7m设护栏，没有栏杆的汀步、园桥等设施周边水深不宜超过0.5m；广场、居住区等人流多的场所中的水景不宜深，一般0.3m左右。

②水景是现代景观中的重要内容（如图3–69），设计的时候要充分发掘水体本身的特点，运用不同水体的景观效果造景，动水造势，静水成像，或涓涓细流，或漫漫湖海，有收有放，有分有合，同时，注重各种景观要素对水景的协调配合作用，例如喷泉，多与雕塑小品等设施配合，喷水成景，无水也成景。

③景观水体尽量依托自然水体改造，或在地下水丰富地区，以自然方式设计以节省投资和管理费用，保持生态平衡，但若遇土质不良，或有地下车库、商场、复杂管网等地下构造物，有时甚至是水体就在地下室的上空，这时必须设计人工防水层，以维持水量，减少水体渗漏对地下构造物的不利影响。对于水体驳岸，尽量采用生态驳岸的砌筑方法，仿造自然水岸，缓坡入水，在边岸转折之处，三五成群布置景观石，配植湿生植物，虽由人作，宛自天开。但如果水体周围有建筑、道路、密集人群，或者土质不良，不能形成稳定的自然河坡，这时水体四周必须构筑人工驳岸，以防坍塌，确保安全。即便是人工驳岸，其砌筑也尽量按照生态学的理论，为水陆两栖生物创造条件。

④注意景观水景设计的生态发展方向，如利用水滴分裂的带电现象吸附微小烟尘乃至有害气体，利用空调冷却水造景，利用水帘水幕降温，利用动水为鱼塘增氧，利用湖泊兼作消防水池，利用喷雾增加空气湿度和负离子等。

⑤注意景观水体的创意设计，如美国有座喷泉，水上下对喷，水花在空中爆炸，蔚为壮观。不少地方形成“水时空隧道”，还有不少地方设计了水拱廊、水台阶、水钢琴、水时钟……值得注意的是，复杂的喷水方式对于喷头有了更高的要求，喷头选择受很多因素影响，除了造型、艺术要求，还有一个技术要求，如环境对声音的要求、风力的大小、水

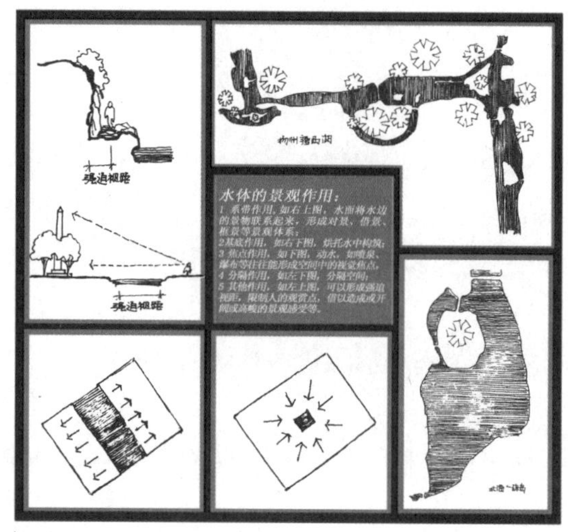

图3-67 水体的景观作用

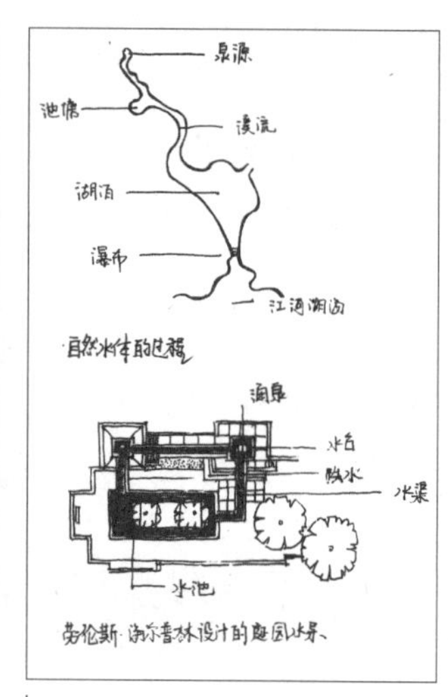

图3-68 水景设计源于自然

图3-69 现代水景设计

质的好坏等，要因地制宜、合理选择主要喷射水姿。例如，室内广场风小、灰少、娴静，就可选择半球型、喇叭花喷头为主要造型，而室外开阔处就不宜。

2. 景观道路

景观道路是景观中不可缺少的构成要素，往往反映不同的景观风格。例如，我国古典园林曲折迂回，而西欧古典园林则规则严整。景观道路除了组织交通、运输外还能形成景观。当然，并不是所有景观场所都靠道路来承载交通和运输，各种形式的铺装广场也承担了相当的功能，所以我们将铺装广场组织进道路系统论述。

根据不同的景观性质、规模、形式等，道路铺装的设计方式有所区别，以一般城市公园设计为例，景观道路通常分为三种：一级道路，也称主路，联系全园，根据实际情况适当考虑通行生产、救护、消防、游览车辆；二级道路，也称支路，沟通各景点、建筑，可适当考虑通行轻型车辆及人力车；休闲小径、健康步道，也称小路，可供单人或者双人行走，还可提供足底按摩功能。不同公园等级对应的道路宽度详见下表。

有时单人行走的小路还可稍稍降低等级，在景观道路系统设计中应该注意：

（1）景观道路系统，有自由式，也有规则式，也可以两者结合，很多景观场所整体是自然式的，而入口一段是规则式的或者主要建筑附近、某个区域是规则式的，其余区域是自然式的。在情况允许的时候，一级道

不同等级公园道路宽度列表（资料来源：《公园设计规范》CJJ48—92）

道路级别	陆地面积（hm²）			
	小于2	2～10	10～50	大于50
一级道路（主路）	2.0～3.5	2.5～4.5	3.5～5.0	5.0～7.0
二级道路（支路）	1.2～2.0	2.0～3.5	2.0～3.5	3.5～5.0
三级道路（小路）	0.9～1.2	0.9～2.0	1.2～2.0	1.2～3.0

路尽可能成环，不走回头路，一些带状地块局部可利用二级道路辅助成环，以铺装为主的广场等开放空间也要安排好景观序列的展开方式。

（2）景观道路要主次分明。主路纵坡宜小于8%，横坡宜小于3%，纵、横坡不得同时无坡度。山地景观道路纵坡应小于12%，超过12%应作防滑处理。主路不宜设梯道，必须设梯道时，纵坡宜小于36%。支路和小路，纵坡宜小于18%，纵坡超过15%路段，路面应作防滑处理，纵坡超过18%，宜按台阶、梯道设计，台阶踏步数不得少于2级，每10级左右宜设一休息平台，坡度大于58%的梯道应作防滑处理，宜设置护栏设施。需注意排水问题。

（3）不同等级的道路在宽度、铺装等方面应有明显区别。忌讳断头路、回头路，除非有一个明显的终点景观和建筑。路与路尽量靠近正交，避免多路交叉，致使导向不明。道路转弯处，尤其是急转弯处，宜设置景观小品，作为对景或引导。转弯处的道路与路侧的植物，要符合转弯半径、行车视距等要求。山地景观道路宜和等高线斜交，迂回曲折，可增加观赏点和观赏面，微地形中，可利用地形隐藏道路，让道路在起伏的地形中若隐若现。景观道路横断面的设计也不是一成不变的，可以是不对称的，最典型例子是上海浦东世纪大道，100m的路幅，中心线偏南10m，北侧人行道宽44m，种了6排行道树，南侧人行道宽24m，种了两排行道树。道路两侧也可以根据功能需要采用变断面的形式，如转折处、坐息处适当扩大，或与小广场穿插，使道路生动起来，让流动空间和凝滞空间互不干扰。同时，要注意绿色空间与道路铺装空间的相互渗透。

（4）不能过分追求雄伟的气魄而随意扩大铺装范围，这样既减少了绿地面积，又增加了工程投资。可以通过道路两侧空间的变化，植物的栽植，形成夹景、漏景与障景等效果，并适当留有缓冲草地，开阔视野的同时，也可以解决节假日、集会人流的集散问题。铺装上，同一功能，同一走向，宜用统一的铺装方式，以划分不同性质功能的区域。可运用古典园林中的铺装意境，取吉祥寓意，也要注重功能性，除了某些穿近道的小路，路面粗要可行儿童车，走高跟鞋，细不致雨天滑倒跌伤。（如图3-70）

（5）景观道路的设计要尤其注意对残障人士的关怀，盲道、残疾人坡道等设施不能成为空洞的口号。（如图3-71）

现代的景观场所除了公园以外还有很多的林荫道、滨水景观和各种广场等，这种环境中的道路设计则相对自由，各类铺装承担了很大一部分交通、运输功能，但是总体设计思路不变。

3. 景观植物

植物作为活的要素在现代景观中起重要作用。景观植物能涵养水土，改善环境气候，净化空气，降低噪音，产生直接和间接的经济效益，提供游憩空间，改善城市面貌，减灾避震。除了上述生态、社会和经济功能外，植物还能装点、围合、拓展空间，形成景观特色，利用季相景观，营造四时景致，同时还能散发芬芳，招蜂引蝶。

植物依其形态可分为乔木、灌木、藤本植物、地被植物、草本植物等。所谓乔木是指形体高大，主干明显，分枝高，寿命长的植物。通常有常绿、落叶或阔叶、针叶之别，根据其高度的不同，又有大乔木（20m以上）、中乔木（8~20m）、小乔木（5~8m）之分。所谓灌木是指没有明显的主干，多呈丛生状态，或自基部

图3-70 地面铺装

图3-72 乔、灌、草搭配，突出景观层次

图3-73 不同高矮的乔木、灌木搭配，景观层次丰富

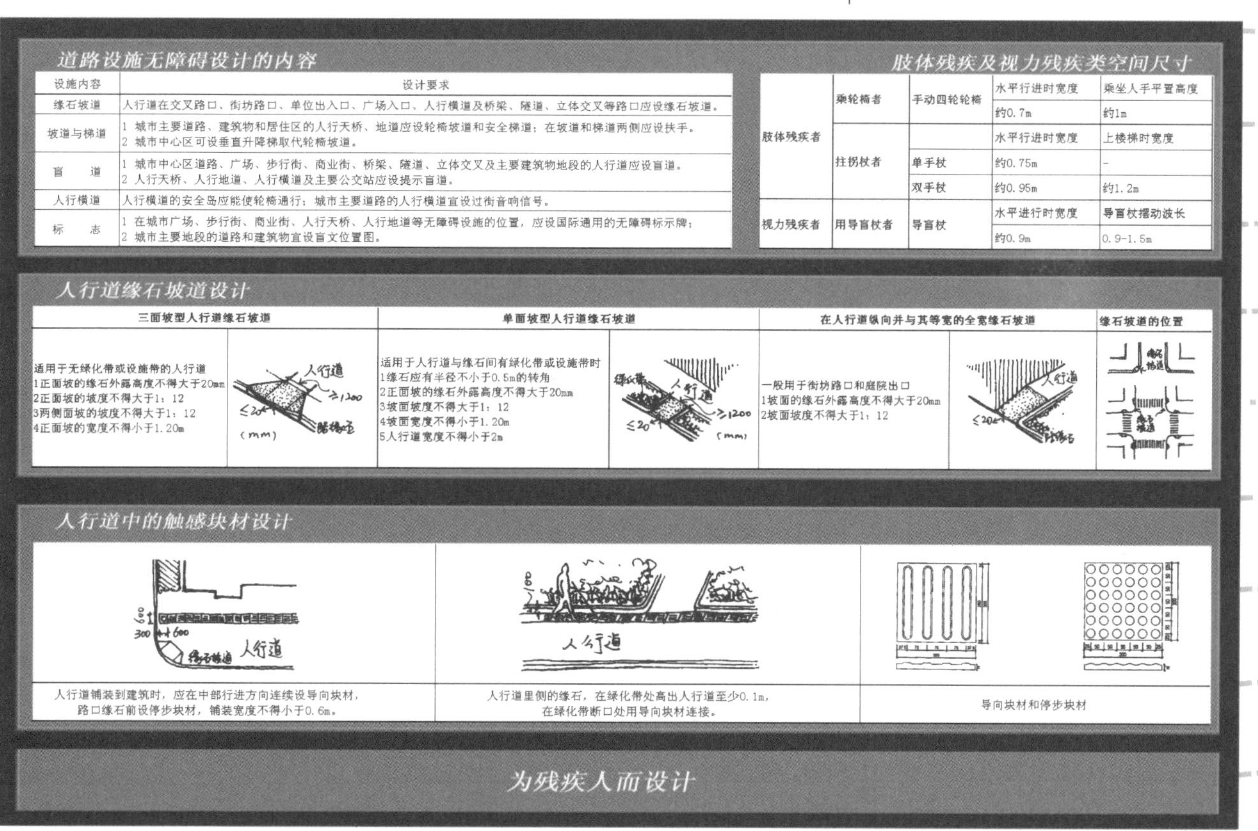

道路设施无障碍设计的内容

设施内容	设计要求
缘石坡道	人行道在交叉路口、街坊路口、单位出入口、广场入口、人行横道及桥梁、隧道、立体交叉等路口应设缘石坡道。
坡道与梯道	1 城市主要道路、建筑物和居住区的人行天桥、地道应设轮椅坡道和安全梯道；在坡道和梯道两侧应设扶手。 2 城市中心区可设垂直升降梯取代轮椅坡道。
盲　　道	1 城市中心区道路、广场、步行街、商业街、桥梁、隧道、立体交叉及主要建筑物地段的人行道应设盲道。 2 人行天桥、人行地道、人行横道及主要公交站应设提示盲道。
人行横道	人行横道的安全岛应能使轮椅通行；城市主要道路的人行横道宜设过街音响信号。
标　　志	1 在城市广场、步行街、商业街、人行天桥、人行地道等无障碍设施的位置，应设国际通用的无障碍标示牌； 2 城市主要地段的道路和建筑物宜设盲文位置图。

肢体残疾及视力残疾类空间尺寸

肢体残疾者	乘轮椅者	手动四轮轮椅	水平行进时宽度	乘坐人手平置高度
			约0.7m	约1m
	拄拐杖者		水平行进时宽度	上楼梯时宽度
		单手杖	约0.75m	-
		双手杖	约0.95m	约1.2m
视力残疾者	用导盲杖者	导盲杖	水平进行时宽度	导盲杖摆动波长
			约0.9m	0.9-1.5m

人行道缘石坡道设计

三面坡型人行道缘石坡道	单面坡型人行道缘石坡道	在人行道纵向并与其等宽的全宽缘石坡道	缘石坡道的位置
适用于无绿化带或设施带的人行道 1正面坡的缘石外露高度不得大于20mm 2正面坡的坡度不得大于1：12 3两侧面坡的坡度不得大于1：12 4正面坡的宽度不得小于1.20m	适用于人行道与缘石间有绿化带或设施带时 1缘石应有半径不小于0.5m的转角 2正面坡的缘石外露高度不得大于20mm 3坡面坡度不得大于1：12 4坡面宽度不得小于1.20m 5人行道宽度不得小于2m	一般用于街坊路口和庭院出口 1坡面的缘石外露高度不得大于20mm 2坡面坡度不得大于1：12	

人行道中的触感块材设计

人行道铺装到建筑时，应在中部行进方向连续设导向块材，路口缘石前设停步块材，铺装宽度不得小于0.6m。	人行道里侧的缘石，在绿化带处高出人行道至少0.1m，在绿化带断口处用导向块材连接。	导向块材和停步块材

为残疾人而设计

图3-71 为残疾人而设计

分枝的植物。根据其高度的不同，又有大灌木（2m以上）、中灌木（1~2m）、小灌木（1m以下）之分。藤本植物是指具有细长茎蔓，并借助卷须（叶、茎）、缠绕茎、吸盘或吸附根等特殊器官，依附于其他物体才能使自身攀缘上升的植物。在实际分类中，由于种类的繁多和设计的需要常常将竹类与花卉独立出来，反映了人们对于竹子的喜爱与花的眷恋。

各种植物的生态习性对于景观设计具有举足轻重的影响，如了解植物的耐荫性能能更好地为全阴半阴的环境选择合适的树种；了解植物的耐旱、耐水湿、耐瘠薄土壤等性能能更好地帮助具有不同种植条件的基地达到优良的景观效果；了解各种观赏植物的花时花期、落叶与否、色叶情况等，能更好地完成植物合理配植，保证四季有景可观，但本书对此不作详细研究，仅就种植方式讨论。

（1）景观植物的种植原则

①适地适树，满足植物生态习性要求，多使用乡土树种，发挥乡土植物的生态效益，减少维护成本。

②满足不同基地性质功能要求，如儿童公园，要求色彩丰富、无毒无难闻异味以及不落毛不带刺的植物；精密仪器制造厂，要求不飘花絮的植物等。

③基调植物、骨干植物和一般植物搭配，突出多样性与统一性的完美结合。

④乔、灌、草搭配，突出层次性（如图3-72），大乔木、中乔木、小乔木、大灌木、中灌木、小灌木的搭配能使景观层次更丰富。（如图3-73）

⑤速生树、慢长树结合，速生树以其长势的优势能快速达到近期绿化要求，然后逐步完成远期或最终要求的绿化效果。

⑥满足植物配置在景观方面的要求，观形、观干、观根、观叶、观花、观果、观色、观质、闻香、季相等。（如图3-74）

⑦考虑心理、文化因素，如不同植物以及不同的种植方式带来的安全性、蕴涵的象征性等；

⑧考虑经济因素，如南方公园中常种植经济果木，当然，经济因素不仅仅是指植物的直接经济效益，还包括随之而来的地价升值等间接经济效益。

（2）景观植物的种植方式

①孤植，单独种植一株或2~3株植物，彼此靠近形成整体的观赏效果的种植方式。孤植树要求树形优美，有一定观赏视距，与场地形成良好的尺度关系，2~3株植物孤植时相距不宜过大。（如图3-75）

②对植，用两株或两丛相同或相似的树，按照一定的轴线关系，达到对称或均衡效果的种植方式（如图3-76）。自然式对植以求均衡，植物分布在轴线的两侧，同一树种，大小和姿态可不同，但动势集中，与中轴线的距离，大树近，小树远。

③列植，是指成排种植的方式。列植是以植物的整齐美为观赏对象，因此列植树木多选用同一树种，且大小、树形等均应相似，以达到行列美的效果。（如图3-77）

④丛植，按一定构图方式，将2~10株乔木、灌木甚至草本植物组织在一起。也可以配置山石、小品等，共同完成景观塑造。树丛通过个体之间的组合来体现树木群体美。（如图3-78）

⑤群植，一般由20~30株以上的乔灌木混合成群栽植而成，分单纯树群和混交树群。体现群体美的树群也像孤植树和树丛一样，是构图上的主景之一。因此，树群应该布置在利于观赏的开场空间中，如草坪、广场中央、湖心岛上、山坡上、水岸边等，规模不宜求大，组合方式宜采用郁闭式，不允许游人进入，观赏其林冠线、林缘线，以及乔灌草搭配的层次、色彩、季相等。（如图3-79）

⑥林植，是指成片、成块大量栽植乔灌木，构成林地或森林景观的称为林植（如图3-80）。多用于用地面积广大的景观场所中的风景游览区、安静休息区、休疗养区以及卫生防护区等。可分密林和疏林两种，密林的郁闭度为70%~100%，疏林的郁闭度为40%~70%，有纯林和混交林之分。如果为游人荫庇休息而设计，可适当减少

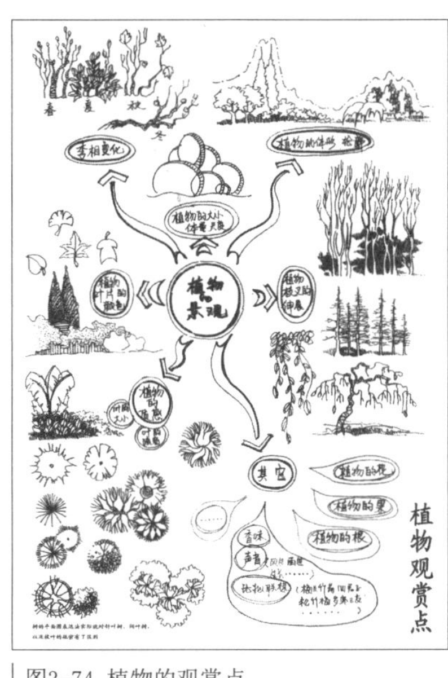
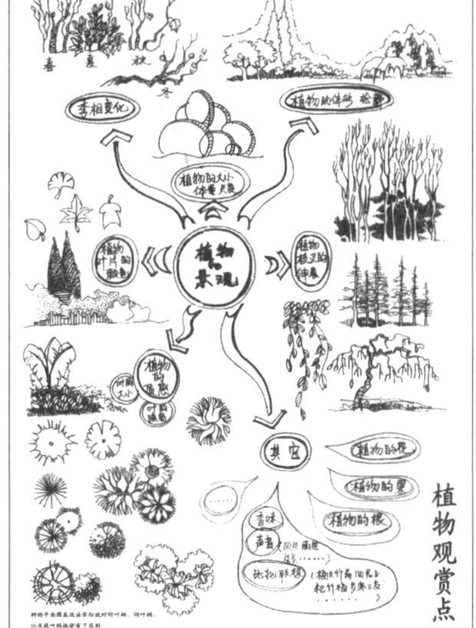

图3-74 植物的观赏点

图3-75 孤植

图3-76 对植

图3-78 丛植

图3-77 列植

图3-79 群植

图3-80 林植

图3-81 荫蔽树林

图3-82 林带

图3-83 篱植

图3-84 盛花花坛

图3-85 模纹花坛

密度，增设林间小道、休息设施，甚至小雕塑等。（如图3-81）

⑦林带，是一种带状的种植方式。林带在景观中用途很广，可分隔空间，突出前景，庇荫防护等。自然式林带就是带状的树群。由于林带的线性特点，对其的观赏是随着游人的前进而展开的，所以构图中要注意变化和节奏。当林带分布在河滨两岸与道路两侧时，不要求对称，但要考虑呼应效果。（如图3-82）

⑧篱植，具有围护、分隔、屏蔽、背景等作用。根据种植高度可分为：绿篱（株距30~50cm，行距40~60cm），绿墙（株距100~150cm，行距150~200cm），可规则修剪，也可呈自然状态。（如图3-83）

⑨花坛，外平面轮廓成一定几何形，种植各种低矮观赏植物，形成各种图案的园林设施。花坛的分类：按形态分可分为规则式、自然式、混合式；按季节分可分为春、夏、秋、冬四季花坛；按栽植材料分可分为一二年生草花花坛、球根花坛、水生花坛、专类花坛；按表现形式分可分为盛花花坛（如图3-84）、模纹花坛（如图3-85）、混合花坛；按花坛的运用方式分可分为独立花坛、带状花坛、组群花坛等。此外还有种植床和地面高程相差不多的花池；40~100cm高的空心台座中植土栽植的花台；用竹、木、瓷等材料制成箱状栽植的花箱

图3-86 植物围合的休闲草坪

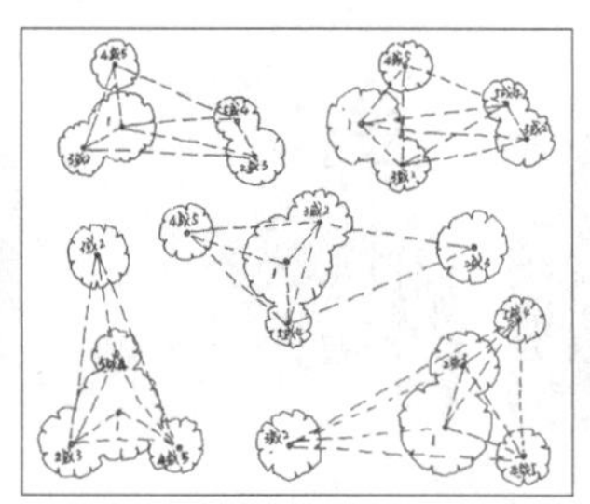

图3-87 以五株为例探讨植物种植方式

图3-88 水中的岛屿、树木、小品扩大了水面层次

图3-89 多样统一规律在植物配置中的运用

图3-90 植物的造景作用

图3-91 植物围合空间

图3-93 植物划分区域

图3-92 植物烘托景观氛围

等。另外还有一种花境，其是在带状地段内，以多年生花卉为主，呈自然块状混交，以表现花卉群体自然美的一种植物栽植方式。多用于道路用地中央以利于两侧双面观赏，也常常与篱植、花架、建筑、游廊或景墙等设施配合作单面观赏。

⑩草坪，根据用途分游憩草坪、观赏草坪、运动草坪、交通草坪、保土护坡草坪；根据植物的组成分纯一草坪、混交草坪、缀花草坪；根据形式分规则式草坪、自然式草坪等。草坪的排水坡度一般为5%~10%，不能超过土壤自然安息角的30%。草坪设计尤其要注重周边建筑、植被等对于边界的围合，以形成舒适的休闲空间。（如图3-86）

（3）景观植物的种植技巧

植物是景观中活的要素，关系着景观设计的成败，中国传统园林中积淀了三五棵树集体成景的种植法则，植物种植点的连线通常成不等边多边形，相对较大的树往往靠近多边形重心，越远离重心的地方树的形体越小，同时各树俯仰相合，顾盼生姿（如图3-87），这种自然式的方式今天仍然能指导设计。我们在植物种植的时候一定要仔细研究，不要将植物配置仅仅看成在纸上“画圈”、地上“种树”，注意配置技巧，植物与地形结合，能使山更高，谷更幽；与溪流结合，在溪中点植乔木以代岛，能使水更壮阔，在溪畔突出的部位密植乔木，透过乔木树干望去，能使水更绵长（如图3-88）。同时，运用多样统一规律，成片栽植，色彩上要大同小异，不要太多色彩，以免杂乱（如图3-89），注意植物的添景、框景、夹景、漏景等的作用（如图3-90），注意利用植物围合空间（如图3-91），营造场所气氛（如图3-92），还可以用植物划分区域（如图3-93），等等。

4. 景观建筑

景观建筑对景观的创作起到十分积极的作用，既是风景的点缀，又提供了一个风景的观赏点（如图3-94），同时还可以划分空间，组织游览线路。景观建筑的功能性与观赏性通常是存于一体的，有景区综合楼、大门及门卫、茶室、小卖部、厕所，还有亭、廊、榭、舫、厅、堂、楼、阁、殿、馆、轩、塔等。这里根据使用的频率，着重介绍几种景观建筑的设计方法。

（1）亭

明计成《园冶》中说：“亭者，停也。所以停憩游行也。”亭既是供游人休息、赏景的地方，又是园中一景。

①景亭位置

园亭位置选择要根据总体规划意图综合考虑（如图3-95），充分运用“借景”、“对景”、“框景”等造景手法，考虑两方面的因素：其一，亭是供人游息的，要能遮阳避雨，还要能赏风赏月；其二，亭建成后，又成为风景的重要组成部分，所以亭的设计要和周围环境相协调，并且往往起到画龙点睛的作用。造亭的位置可以是山地，成为连接山和平地的纽带；也可以是水边，凸现水的明媚多姿；还可以是平地，与路相伴或者隐于花丛林间。

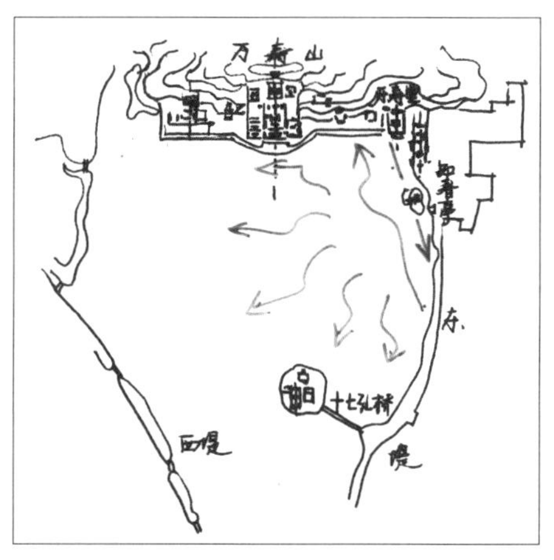

图3-95　景亭位置选择——颐和园知春亭位置选择极其讲究，近看万寿山、远看玉泉山、环视昆明湖，欣赏十七孔桥；同时，知春亭还是从乐寿堂看东堤以及从东堤观万寿山的前景，为山的朦胧、堤的平淡增光添彩

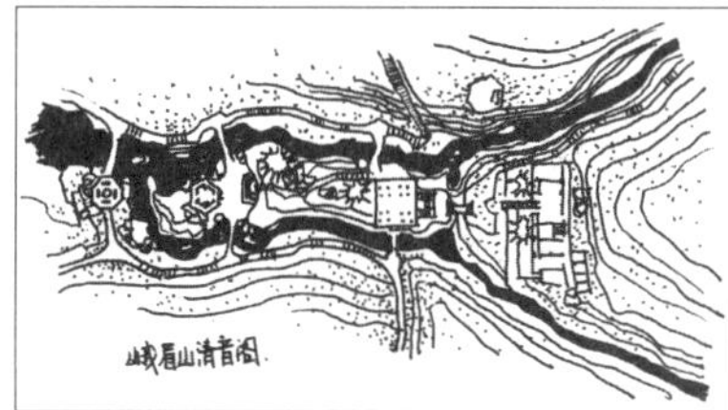

图3-94　景观建筑位置选择——峨眉山清音阁景区的建筑位置选择利用山水地形之便，互为景点与观景点

图3-96　亭子尺度分析——古典亭子的尺度一般要求亲切，A和C尺度适宜，但是B显得过于空旷

②景亭设计

每个亭都应与所处的位置相协调，呈现自己的特色。小园微亭，大园伟亭，更大的景观空间甚至可以用一组亭子来突出气氛；于山顶建亭，宜高耸，山脚建亭，宜小巧；环境简单则亭宜繁，环境复杂则亭宜简。由于亭子只是休息、点景用，所以一般体量上不论平面、立体都不宜过大过高，而宜小巧玲珑。一般亭子，直径3.5~4m，小的3m，大的亦不宜超过5m（如图3–96）。亭的立面，可以按柱高和面阔的比例来确定。方亭柱高等于面阔的8/10；六角亭等于15/10；八角亭等于16/10或稍低于此数。亭的色彩，要根据风俗、气候与爱好，如南方多用黑褐较暗的色彩，北方多用鲜艳色彩。在建筑物不多的环境中以淡雅色调较好。现代景观中的建筑变得隐喻化，亭子也逐渐出现由柱子限定空间的形式。

（2）廊

廊本来是作为建筑物前后室内外过渡空间的出廊，也是连接建筑之间的有顶建筑物。其是景观中的线性元素，可供人行走，起导游作用，也可停留赏景，起休息作用，同时也能划分空间，组成景区，本身还可成为园中之景。

中国古典园林中的廊，其横断面小的不超过1.5m，宽的也仅仅2.5m左右，北方皇家宫苑的与南方文人园的也有差别（如图3–97），现代的廊由于常常兼有宣传、小卖、摄影等功能，可稍稍拓宽。廊的平面布局自由开朗，活泼多变；立面上，由于其线性特点，利用立柱以及立柱间的漏窗、门洞等能形成优美的韵律。廊的设计还要考虑游览路线上的动观效果，墙、门、洞等是根据廊外的自然景观以及游人观赏路线来布置安排的，以形成对景、框景、借景等。

亭的分类

亭的分类标准	亭的分类	亭的分类举例
按平面形态分	单亭有：三角形、正方形、长方形、正六角形、长六角形、正八角形、圆形、扇形、梅花形、十字形等 组合亭有：双方形、双圆形、双六角形或三座组合，五座组合，也有与其他建筑在一起的半亭等	杭州西湖三潭映月亭（三角亭） 上海古漪园白鹤亭（梅花亭） 苏州拙政园与谁同坐轩（扇面亭） 北京圆明园蔚林亭（双方亭） 苏州拙政园别有洞天亭（半亭）
按平面布局分	一种是一个入口的终点式，一种是多个入口的穿过式	扬州瘦西湖吹台亭（终点式） 苏州拙政园荷风四面亭（穿过式）
按屋顶形式分	以攒尖（四角、六角、八角、圆形）为主，其次多为卷棚歇山式及平顶，并有单檐和重檐之分	苏州拙政园梧竹幽居亭（四角攒尖） 苏州狮子林真趣亭（卷棚歇山） 北京颐和园知春亭（重檐四角攒尖）
按位置分	山亭、水亭、靠山亭、廊亭、路亭、桥亭、碑亭等	扬州瘦西湖五亭桥（桥亭） 无锡二泉亭（井亭）

廊的分类

廊的分类标准	廊的分类		廊的分类举例
按断面形式分	双面画廊	有柱无墙	北京颐和园长廊（一面看山一面看水）
	单面半廊	一面开敞，一面沿墙设各式漏窗门洞	无锡寄畅园郁盘廊（巧遮园墙）
	暖廊	北方有此种，在廊柱间装花格窗扇	北方四合院抄手游廊均可加窗形成暖廊
	复廊	廊中部设有漏窗墙，两面都可通行	苏州沧浪亭复廊（巧借沧浪水扩大空间）
	楼廊	常用于地形变化之处，连系上层建筑	扬州何园楼廊（巧妙联系多层空间）
	单支柱廊	中柱支撑，内设排水，屋顶反翘	
按平面分	直廊、曲廊、回廊等		苏州留园曲廊
按位置分	爬山廊、水廊、堤廊、廊桥等		苏州拙政园水廊，北京颐和园爬山廊

图3-97 不同尺度的廊给人的感受

图3-99 与地形结合的条石

图3-98 亚克博亚维茨广场座椅景观

（3）出入口及大门

传统园林景观出入口空间主要由大门、售票问询房、窗橱、围墙、广场等组成，有时为了方便游客，同时增加经济效益，设置售卖处等建筑。入口空间包含门外广场空间、门内序幕空间等，帮助游客迅速完成情感转换。大门的设计也根据具体情况，有山门式、牌坊式、阙式、柱式以及自由式等多种形式。随着景观开放性的提升，现代很多景观入口的围墙、售票处甚至大门建筑逐渐隐退，但入口空间的处理仍需重点考虑，结合场地现有的地形、水体、植被、山石等布置入口建筑与广场，使景观特色更加鲜明。

（4）服务性建筑

包括景区综合楼，或单独的接待、展览、餐饮、小卖、摄影等建筑。景观建筑重视选址与景观效果，结合场地环境合理安排其功能，为景观增色添光，同时要注意其排放物环境污染问题。

5. 景观小品

景观小品是景观环境中极有魅力的点缀物，有功能性和观赏性之分。功能性的有栏杆、景观灯、标示牌、饮水器、垃圾桶等；观赏性的有景墙、景窗、隔断、花架、花坛、雕塑、置石小景等。但是现在其区别越来越模糊，花坛兼可供座，饮水器变成雕塑，座椅形成景观（如图3-98）。景观小品由于其特殊的位置，必须具备观赏特性。下面介绍几种景观小品的设计方法。

景墙可分隔空间、组织景色、安排导游，景窗可以用来点缀景墙，又使空间隔而不断，虚实相间，如若虚的空间逐渐增大，实的空间逐渐减少，则形成隔断。但现代景观由于其公共性，多利用植物、地形等围合空间，景墙、隔断的分隔作用已经渐渐淡去，景观作用渐渐凸现。出现了越来越矮的景墙，甚至形成可以兼作休息座椅的条石，设计的时候注意与地形的结合以凸现其魅力。（如图3-99）

栏杆起隔离、防护、导向的作用，由于其线性特点，设计时要注意韵律感与装饰效果，要根据具体要求，疏密相间，节约工程成本。低栏0.2～0.3m，为防坐踏，可波浪形，也可直接直杆朝上；中栏0.8～0.9m，上槛兼作扶手，尽量使用光滑、耐磨材料；高栏1.1～1.3m，为防攀爬，不宜有太多的横向杆件。与建筑结合的栏杆为了防止单调，多与美人靠结合，划分线条，丰富景观层次，又可提供休息设施。在现代的景观设计中，宜尽量使用地形、建筑、植物划分空间，少用栏杆生硬隔离。

座椅是景观中重要的部分，既要满足人体基本休息功能的需要，又要满足造景的需要。座椅一般高度在0.4m左右，宽度亦然。现代景观中很多其他设施兼有供座的功能，如花坛、树池边缘，雕塑小品等。例如一堵顶面流线型的矮景墙，曲线的起伏根据人们单人独坐、三两人聚集排坐，或者斜靠、斜躺等功能要求设计，无人坐时是个雕塑，有人坐时人也是欣赏的一部分，但是一定要注意的是，目的是给人坐的座椅不要太过雕塑化，以免人因为不自在而失去供座的意义（如图3–100）。座椅的设计可以与植物结合，形成舒适的供座环境。（如图3–101）

景观灯一方面是照明，形成亮丽、安全的夜景氛围，强烈、多彩的灯光会使整个环境热烈而活泼，局部而又柔和的照明又会使人感到亲切而富有私密感，暖色光使人感到和睦温暖，冷色光使人清静生畏；另外一方面，景观灯又是有装饰效果的小品，在地形、道路、植物的配合下，形成景致。值得注意的是，沿园路布置的柱灯一般高3~5m，间距25~30m，草坪灯6~10m的间距，具有强烈的导向性，广场、入口等处的柱灯可稍高，一般为7~11m。

花架，既为攀缘植物创造生长条件，同时也可以提供游人驻足小憩、欣赏风景的空间。创造室内室外建筑与自然相互渗透、浑然一体的景观效果。花架设计要考虑四季皆有景可看，尤其植物落叶之后，因此要把花架作为一件艺术品，而不单作构筑物来设计。花架的四周，一般都较为通透开畅，便于观赏，花架的体型不宜太大，尽量接近自然。要根据攀缘植物的特点、环境来构思花架的形体；根据攀缘植物的生物学特性，来设计花架的构造、材料等。花架有双排柱、单排柱以及形单柱式几种形式。

图3-100　过于雕塑化的座椅只能给猎奇和照相的游客提供娱乐

图3-101　座椅的设置——成角或弧形布置能为不同需求的人提供不同朝向的空间，座椅外侧最好种植分枝点高的落叶乔木，夏有荫冬有阳，前面如果有灌木花坛则能有效地起到与外界隔离的作用

第四章　景观设计的程序与方法

教学目的

掌握景观设计的程序与方法

教学要点

场地分析与方案设计

教学方法

交流讨论/讲授辅导/实例分析

教学时数/总时数

32/60

第一节　感受场地

场地是设计的基础，离开场地的设计是无源之水，要正确理解场地。然而在现阶段，设计者对于新的设计任务往往直接从一些已经建成的作品入手，将其复印在自己的那块场地上，不研究场地内部以及周边的实际状况。这样的结果只能使该处的土地状况越来越差，越设计，问题越多，越不人性化！这样并不是正确的设计步骤。首先要去感受这块场地，去看一看何人何时在此干何事？现在的场地存在什么样的问题呢？垃圾箱够吗？座椅树荫充足吗？人们在此的活动是什么呢？你的视觉感受如何？嗅觉听觉呢？然后根据这些评价再去确定采用什么样的形式、什么样的设计。

本书将场地的分析过程从各章节泛泛的讲解中独立出来，目的在于培养设计者对场地特征的思考与关注，学会用图解的方式提出问题，思考问题，分析问题。下面以一个校园绿地改造的课题为例，探讨场地分析的过程。

由于场地在学生的身边，感受深刻，交通方便，便于考察。设计之前带图纸去现场调研。调研分两步完成。

首先骑车在校园转一圈，整体感受校园的景观系统。这很重要，因为基地离不开校园的大环境，它位于校园的哪个区域，周边有什么功能建筑，校园里还有什么类似的用地，各有什么功能，什么人在使用，同时思考作为使用者，在什么情况下喜欢使用哪种环境。了解了这些，可以避免设计重复雷同的环境景观，每一块地都有它生根的土壤，要设计出它的特色，不要让校园景观出现不必要的雷同，这样不利于景观多样性，也会给使用者带来单调和乏味。

然后离开自行车，徒步在基地上转转。在图纸上标注场地特征，边界在哪里？南北在哪里？人从哪儿来又去往哪里？站在场地上能看到什么？哪里有值得保留的大树、野花野草？夏季风从哪里刮来？冬季风呢？体会风的感觉，水的感觉，花木的感觉，阳光的感觉，热爱这块地，然后回去把看见的、感受到的用图表达出来。这是感受图，感受图能帮助别人理解你的方案，更重要的是它是一种锻炼手头表达的生动方式。

分析的过程也分两步。不要一开始就画分析图，可循序渐进地完成从感受图到分析图的转变。感受图可以是漫画传情，也可以是泡泡图表达关系，还可以利用文字符号对细节进行分析，是一种初步的直观的东西，能很好地锻炼手绘能力。要多与别人彼此交流探讨，吸收各人的优点，完善自己的分析，最大限度发掘创造力，然后进一步绘制分析图，从场地周边建筑状况，道路交通状况，有无可借之景，出入口，人流来向，穿行线路等，如果是景观改造，详细分析原有景观设计的优缺点，功能哪里不合理，景点设计是否恰当，是否满足了以人为本、生态优先等设计理念。通过提问的方式剖析场地特征。还可以把感受图组织进来，丰富分析图的内容。

有空就去场地看看，看看高峰时间人怎么使用，其他时间人又怎么使用？很多情况下我们喜欢凭想象假设别人的使用方式和穿行方式，认为应该这样，应该那样。真的是这样吗？没有调查就没有发言权。

通过这样的过程，在反复的思考中逐步理解场地，在反复的表达中锻炼手绘能力。

这里把校园看作一个小社会，城市其他景观基地的分析也是如此，有时我们需要在一个更大的范围内考虑，而不能仅仅把眼光停留在基地及基地周边一块很小的范围内。把它放到其根生的城市背景中，了解城市现有的景观系统，我们要设计的基地在其中所处的地位，这样能帮助我们更好地设计场地，如果涉及的范围较大，我们可以借助网络、图纸、文字等其他资料来获取需要的信息。但是一定要注意的是，不要为了完成分析图而分析场地，不要盲目地扩大分析范围，我们要精心挑选、组织有关的分析内容，让分析尽可能说明问题，真正为场地设计服务。

以下列表详细说明了特定基地尺度上场地分析需要关注的问题。

在特定基地尺度上的详细评价项目列表

资料来源：Chapman and Larkham，1994，p44

1. 记录对基地的印象，使用注记、速写、平面、相片来记录包括可识别性在内的各种信息。
2. 记录基地的实体形态特征，包括范围、面貌特征、坡度、水文、植物、生态、建筑物等。
3. 考察基地与周边环境的关系，包括土地使用、道路、公交节点与路线、基础设施等。
4. 考察环境影响因素，包括日照，阴影、朝向、气候、微气候、风向、污染、噪声、气味等。
5. 评估视觉与空间特征，包括视景、视线走廊、景观序列、吸引人的景致或建筑、丑陋的事物、城镇景观与周边环境质量、标志、边沿、节点、入口通路、空间序列。
6. 标出每个危险的情况，如湿陷、滑坡、故意的破坏、不相容的活动或用地功能、不安全感。
7. 观察人类在基地的行为，包括期望路线、行为环境、整体气氛、集聚场所与活动中心。
8. 考察该地区历史与背景，包括地方材料、传统、风格、建筑文化、城市文化、肌理及文脉。
9. 评价现有的混合使用方式，包括基地内外功能组合的多样性与对地段活力的贡献等。
10. 研究法规限定的条件，包括所有权、规划控制、契约、法定负责人等。
11. 使用SWOT分析法，为设计任务书提供着手点，既关注解决办法，也注重描述性分析。

场地的调查还应包括对于相关场地、相关设计的调研。详细了解类似的场地是如何设计的，如何解决与周边用地的衔接与关联，如何确立主题、安排出入口，如何解决停车问题，如何组织参观线路，如何划分各种不同的区域，如何设计景点，还有植物的配置，建筑、小品、设施的设计等等。考察越详细越好。回来完成考察报告，为场地设计提供参考。

第二节　方案构思与设计

基地现场收集资料后，必须立即进行整理、归纳，以防遗忘那些较细小的却有较大影响因素的环节。在着手进行方案构思之前，还必须认真阅读设计任务书。在设计任务书中详细列出了设计各方面的要求，应充分理解。

在进行方案构思时，要将总体定位作一个构想，将抽象的场地精神与深层的文化内涵相结合，并融合到有形的布局与设计中去。构思草图只是一个初步的规划轮廓，接下去要结合收集到的原始资料对草图进行补充和修改。逐步明确总图中的入口、广场、道路、地形、植被、建筑小品、功能设施、管理用房等各元素的具体位置，使整个布局在功能上趋于合理，在构图形式上趋于美观。

这样的设计构思，还不是一个完全成熟的方案。此时应该虚心好学、集思广益，多渠道、多层次、多方面地听取建议，将别人的设计经验融入，提高整个方案的新意与活力。最后，整个方案完成后，图文的包装必不可少。现在，它正越来越受到重视。将规划方案的说明、技术指标等汇编成文字部分；将总平面图、竖向设计图、种植设计图、铺装设计图、景观建筑与小品设计图、透视与鸟瞰图、局部景点详细设计图以及各种分析图等汇编成图纸部分，两者结合，就形成一套完整的方案文本。

特别要注意两个问题：

第一，不要只顾进度，一味求快，导致设计内容简单、枯燥、无新意，甚至局部或者完全搬抄其他方案，而不顾及场地的现状；也不要不顾进度，构思花去太多时间，有一个很好的立意，但是没有时间表达，草草收场。

第二，不要花过多时间、精力去追求图面的精美包装，而忽视对方案本身的重视，设计最终关注的还是规划原则是否正确、立意是否具有新意、功能是否合理、构图是否美观、经济是否可行等。

一、主题选择

主题的选择是景观设计中的重要一环。没有主题，将是空洞的形式堆砌，中国古典园林造园中讲究“意在笔先”即是这个道理。意境是中国古典园林的最高追求，是设计的灵魂，缺乏意境的景观往往意淡形散，缺乏吸引力。不同的时代，不同的文化背景，不同的人与社会有着不同的审美情趣与景观喜好，现今的景观对于意境有新的需求与定位，我们仍然重视蕉窗听雨中淡淡的哀愁，仍然会观落叶而知秋的萧瑟，仍然会移竹挡窗，体会“无肉使人瘦，无竹使人俗”的清高。但是不能仅仅考虑这些，要关注社会热点问题，并尽力使主题立意抓住并解决景观设计中的主要矛盾，同时，建立一个围绕主题的景观意向系统，将单个的意境纳入整体景观体系中来。

主题确立的过程，是一个从明确用地性质到确立整个景观意向系统的过程。

我们通过前面所讲的基地分析首先解决两个问题：为谁？在哪里？即基地位于哪里，面向什么样的使用人群。之后会对方案有一个初步构想，决定设计的性质，这一性质既可以是任务书上给出，再经过基地分析后进一步深化的；也可以是任务书上还比较模糊，经过基地分析后明确的。例如，给定一块地，要求设计一个纪念性景观，经过场地分析，结合周边用地性质，进一步深化确定纪念主题；或给定一块地，要求设计一个广场，经过场地分析，结合场地现有的历史遗迹，设计成一个纪念广场。

用地性质确定后，我们需要发掘一切可发掘的自然、人文特征，确定主题。例如，著名华裔设计师设计的美国越战老兵纪念碑，采用“被人遗忘的角落”为主题，以纪念越战中阵亡的人员；广东中山的岐江公园，主题是对于工业文明的记忆，对于野草文化的发现；成都活水公园，位于府南河边，是以污水的生态处理过程为主题，成为科教基地；都江堰水文化广场是以水文化为主题，无锡渔父岛是以范蠡的故事为主题，武汉江汉路步行街以老武汉的文化生活为主题，广州的北京路步行街结合古代路基的考古现场保护形成路文化主题，等等。这里需要强调的是我们这里提到的景观的主题，不是指把所有的景观都设计成主题公园那样，主题的确立是为了使景观形聚而不散，这个主题不一定是具象的，也可以是抽象的，甚至有一些休闲景观，看似无主题，片断式的，实际上这个休闲二字就是主题。

主题确立后需要进一步完成景观意向系统的设计，将主题贯彻到整个景观场所中。我们定义的主题并不是空洞的、抽象的、喊喊口号式的，需要具体在景观设计中表现出来，这是个难点。可以把主题细分，落实下去，形成一个围绕其的景观意向系统。根据不同主题特色，按照空间关系拆分，或按照时间关系拆分，或按照逻辑关系拆分，再按此设计景区、景点。例如一份学生作业中，提出“悠然四季”的主题，并以此划分景区，春之景、夏之景、秋之景、冬之景。另一个学生认为景观的建构应包含记忆与叙事，为在园中行走的人们提供追求已有经验的场所，从某种意义上说，景观即小说，所以提出了一个“旧小说”的主题，然后景区命名围绕

“旧小说”展开：“枯萎的向日葵”、“海子的诗”、“请给我一个支点”、“上帝遗忘了”，等等。设计形式同时也呼应其命名，如“请给我一个支点”是一个儿童活动区，设计了很多激发儿童想象的片断，需要孩子们尽情发挥想象，寻找伟大科学家牛顿所说的能撑起地球的“支点”，而“海子的诗”是一个休闲广场，蓝蓝的天空、蓝蓝的水面、蓝蓝的小房子，体会春暖花开的欣喜。

二、设计分区与游线安排

我们的景观环境是设计给人用的，所以要研究景观中人的活动通常有哪些（如图 4 –1），然后按照使用习惯安排好人的活动，合理安排不同的功能分区，统筹计划动静分区，使不同的活动性质、活动内容不至于相互干扰，然后还要考虑游线的组织，将各区妥善地贯穿起来，方便欣赏者的游览。

图4-1 景观中的活动

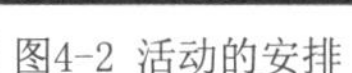

图4-2 活动的安排

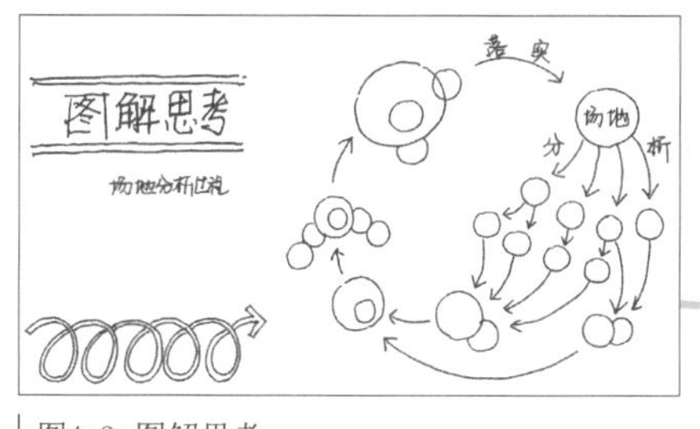

图4-3 图解思考

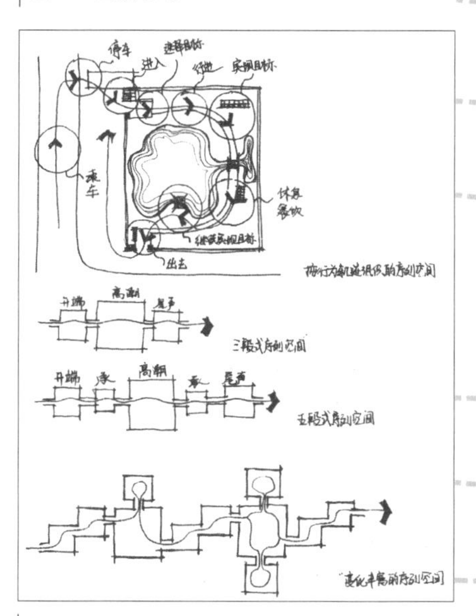

图4-4 空间序列

景观设计分区方式综合来看大致可分为三种，即按照功能划分、按照动静划分和按照景色划分。按功能可分为：入口区、各类活动区（如休闲垂钓区、儿童活动区、老年活动区等）、服务管理区等；按动静可分为：动区（相对热闹、外向、开朗的区域）、静区（相对安静、内向、私密的区域）、动静结合区；按景色分较活泼，可分为春、夏、秋、冬四季景观区或田园风光区，疏林草地区，密林小径区等。实际设计中分区不可过于绝对，各区可结合命名，如密林休闲区等。（如图4-2）

我们可以将图表法运用到功能分区和总平面图的布局。先给设计定一个主题，像写作文一样，景观设计的主题往往比较诗情画意，写在一张纸的最上面，然后将所有想到的，希望在场地范围内安排的功能、活动列在下面，然后联系主题，勇敢地删掉没有关系的，把有关系的再细分成若干组成部分。比如设计了一个水上快艇活动区，可分解成管理租赁、活动比赛等；又有一个风筝放飞区，可分解成管理售卖、放飞游戏等。这时就会发现管理租赁售卖活动可以集中在一个景观建筑内，两块用地可以相临，用线条把它们联系起来。各区发生关系，有利于土地最佳利用。这种图表有助于我们构思和功能分区，将抽象的思考直观化，易于操作。（如图4-3）

然后我们需要用合理的游线将各区贯穿起来，一般来说面状公园多采用环路设计，使游人不走回头路，步移景异，一级道路联系景区，二级道路是景区内部路；线状、带状公园一级道路可不成环，局部利用二级道路成环；至于山区，或包含大面积不规则水域的公园，可采用树枝状道路系统。对于那些以硬质铺装、广场肩负交通功能的各类开敞绿地，游线的设计也是游人情感展开的基础，要注意空间序列的安排，起承转合，让游人情感尽情释放。（如图4-4）

三、方案比较与景点设计

正如完成数学题可以一题多解一样，景观设计也可以用多种方式回答，完成2~3种比较成熟的备选方案，然后比较筛选，选择更简洁、更合理、更经济、更美观的一种。我们仍然可以图解分析，锻炼用笔思考、用图思考的能力。比如用一张纸左边列出第一个方案的优点和缺点，右边列出第二个的，如果有第三个方案也列上。这种比较能直观地发现问题，我们称之为图表比较法，也就是通过简单的图表、框图、连线、重点符号等进行比较。各自优缺点一目了然。当然也可以把各种方案相结合，完成一个更为合理的新方案。（如图4–5）

方案确定后我们要详细设计各景点。这里可以联系第三章中讲到的各种方法，综合运用景观生态学、环境心理学、景观空间构成理论以及景观形式美原则等各种理论，合理安排景观要素，设计赏心悦目又舒适惬意的景点。景点设计要强调以下几个方面：

（1）注意立意

不仅仅大的景观整体需要有主题，单个景点也需要立意，平面布局、景点选址与尺度、色彩搭配、质感表达等各方面均要与立意吻合。如峨眉山清音阁，因势利导，利用天然瀑布山涧组织景观建筑群，形成峨眉山一景；再如“童趣”立意的景观，色彩上尽可能缤纷，以“农乐”立意的景观，尽可能粗犷朴实。

（2）注意四时景致

景观是鲜活的，苏堤春晓、曲院风荷、平湖秋月、断桥残雪，四时景致各不相同，平添了景观的意趣，哪怕是同一景观，由于植物的春华、夏荣、秋实、冬枯，都会使景观呈现迷人的风致。扬州个园更是利用不同的石材与植物搭配，将四时景观凝固在同一个时空中。这里的四时景观还可以延伸至天象变化，阴雨薄雾、晨岚雾霭，都是我们可以借景的对象。

（3）注意发挥创造力

景观不仅仅是“看”的对象，古人就有花香宜人的讲究，我们要调动我们的各种感官，充分发挥想象力，创造出可视、可听、可嗅、可闻、可触的各种景观。例如日本有一个Shiru–ku Road小公园，利用“耳朵”装置收集平时听不见或者不注意的声音，再如迎合人的身体曲线、不同坐姿以及交谈需要设计的景观坐墙。

（4）满足功能需求，关注生态、关注人

这是一个永恒的话题，景观是给人用的，功能是否合理是一项很重要的设计依据，在此基础之上发挥想象力，创造四时景致，实现可持续发展、以人为本。

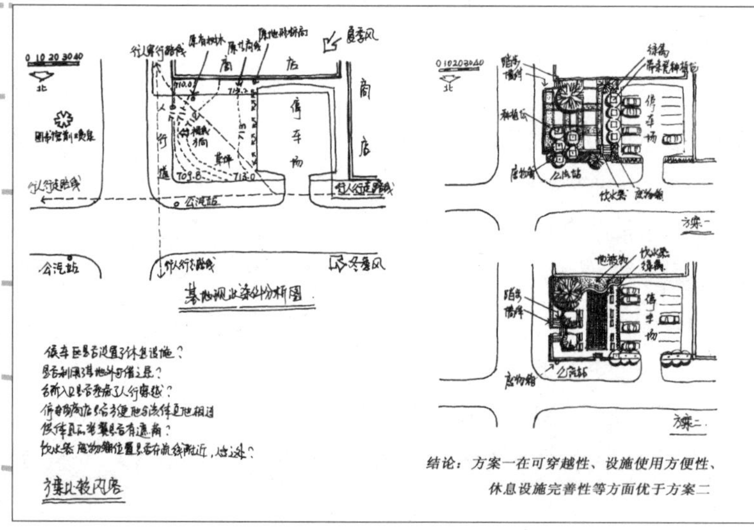

图4-5 方案比较

四、成果制作

一套完整的方案通常包括：总平面图、各种分析图、道路系统设计图、竖向设计图、种植设计图、建筑小品单体平立剖面图、管线综合以及设计说明。其中管线综合这里不详细介绍，其余部分如下。

（1）各种分析图绘制

区位分析图（如图4–6），根据不同景观用地的具体情况、影响力范围、潜在客源市场等综合情况，可绘制多个

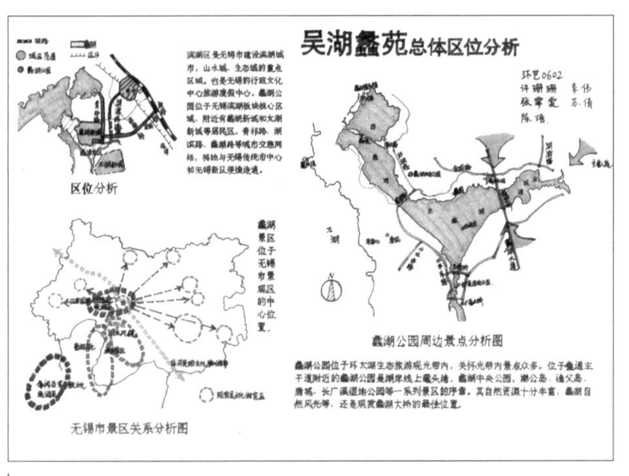

图4-6 区位分析

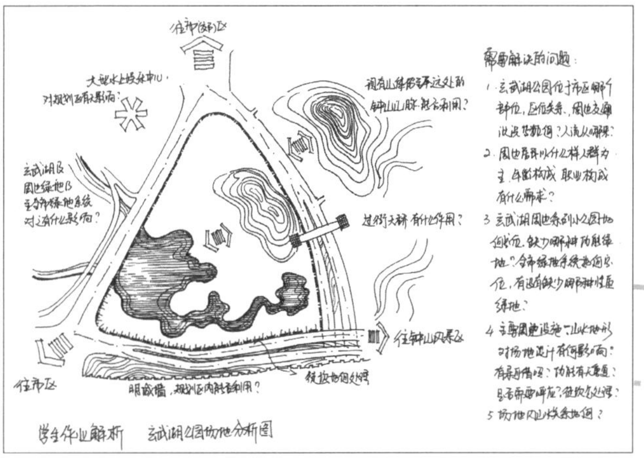

图4-7 场地分析

图4-8 景观结构分析图

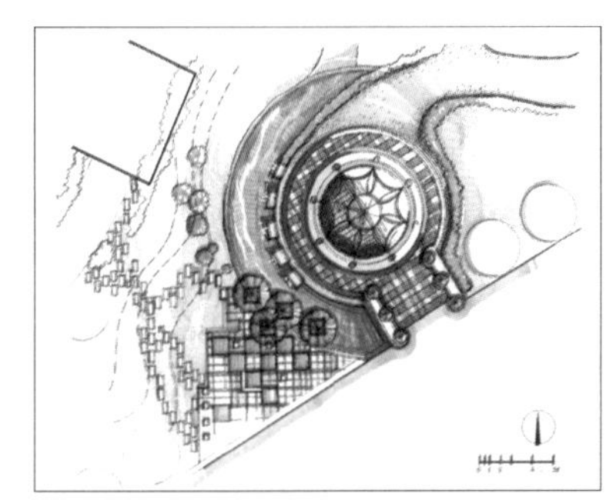

图4-9 景观平面

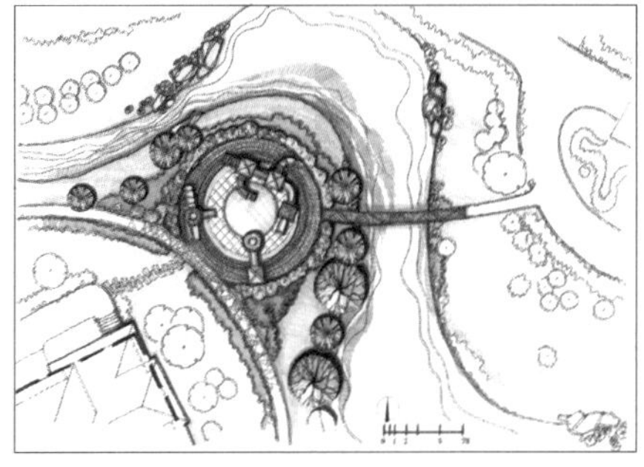

图4-10 景观平面

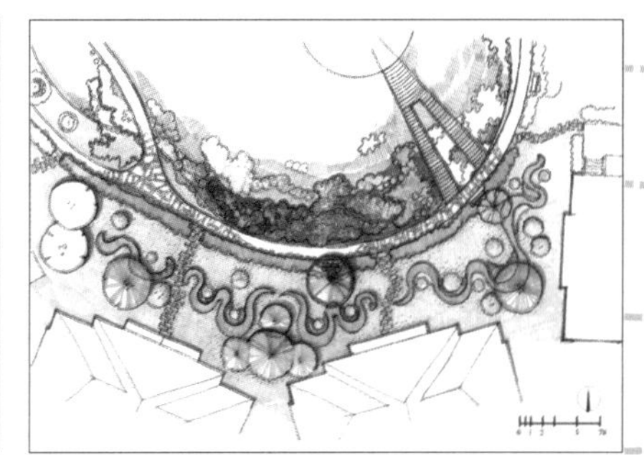

图4-11 景观平面

区位分析图，影响力大的可将区位分析的范围适当扩大，研究其在所辐射区域的经济、交通、地理等区位，为景观主题、承载力甚至大门规模方位等各方面设计提供依据。

场地分析图（如图4-7），主要研究场地周边的交通状况、用地状况及其内部的景观条件，地形地貌、气候水文，建筑、植被现状，有无可借之景，以及人流来向等。

景观结构分析图（如图4-8），反映动静分区、景色分区、功能分区等，还可研究景点分布、视线走廊、空间开闭度等，这种分析图表达方式非常自由，针对每个方案自身的特点，用详细直观的方式帮助别人尽快了解方案的特色所在，有时还可以绘制设计概念分析图，反映方案构思的过程，以及道路系统分析图等。

（2）平面图绘制

平面图是指场地内各景观要素在水平方向的投影，有总平面图、节点平面图等。总平面图的内容包括：出入口位置、形式，广场及停车场规模；景区、景点及建筑、小品、服务设施等布局；如设计山体或微地形，明确其等高线及标高；如设计水系，明确其岸线、水面及水底控制标高；园路系统，广场布局及游览路线组织；植物群落的配置，树木种植方式等。初学阶段，可以将简单的竖向设计结合进总平面图里绘制，标出坡度、坡向、主要标高等。如果景观较复杂，可分开绘制道路广场平面、植物配置平面等。由于总平面图比例尺通常较小，所以需要绘制节点平面图，一定要注意节点平面图不是总平面的简单放大，而是在总平面基础上的完善与深化，将其表达不清楚或者表达不出来的部分详细绘制交代。（如图4-9，图4-10，图4-11）

（3）立面与剖面图绘制

立面图是所设计景观在铅锤面上的投影，反映地形起伏，建筑小品等的尺度、位置，植被的轮廓节奏以及相互的层次关系等。而剖面图是指景观被一个假想的铅锤面剖切后，移去被切部分，剩下部分的投影，剖面图绘制一定要注意没有剖切到的可见部分也要绘制。剖切线主要沿场地的山体、水池、溪流、下沉广场等地形起伏处。剖切线可以转折，但只能转一次，称之为阶梯剖，阶梯剖由两个平行的剖断面构成。剖断面要绘出断面材料，如不指明材料，可用45° 斜线反映。实际操作中常将立面图和剖面图合并，称为剖立面。（如图4–12，图4–13）

景观设计常用比例尺

图纸名称	常用比例	可用比例
总平面图	1：500；1：1000；1：2000	1：2500；1：5000
景点平立剖面图	1：50；1：100；1：200	1：150；1：300

立面图、剖面图绘制的时候要注意层次，图线粗细非常重要，地面、被剖切到的断面用粗实线，越远的轮廓线越细，以此表达层次关系非常有效，另外上色的时候也要注意浓淡轻重，还要注意配景的添加。

（4）效果图的绘制

为了更直观地表达景观设计的意图，常用效果图的方式展现各景点、景区的形象，常用的方法有手绘与电脑绘制两种方法。两种方法各有千秋，电脑效果真实（如图4–14），而手绘则由于手工线条的灵活性与随意性更能体现美感与神韵。（如图4–15）

小透视绘制技巧：首先要选择一个合适的视点与观赏角度，将景观最美的一面展示出来，如对于进深大的场景，多用中视点，加强景深，对于场面宏大的场景，多用高视点，俯瞰全局，对于高大的景物，多用低视点，彰显壮丽，对于院落场景，从门窗洞口窥视，则显得温馨，等等；其次透视要准确，尤其是线条长的、重要部分等

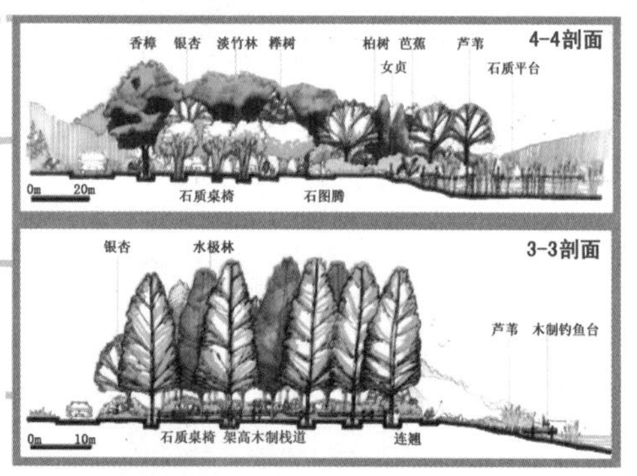

图4-12 景观剖立面

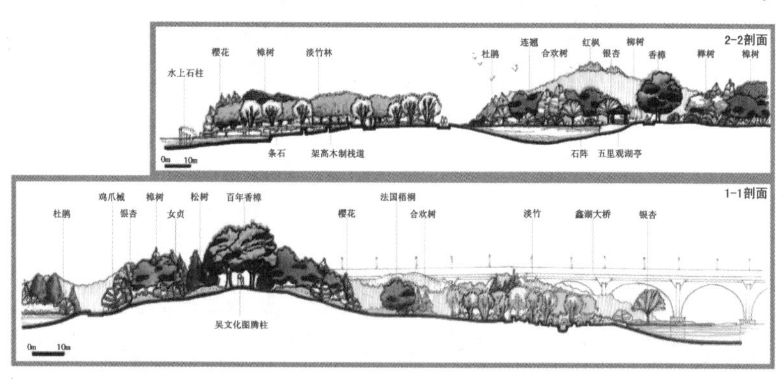

图4-13 景观剖立面

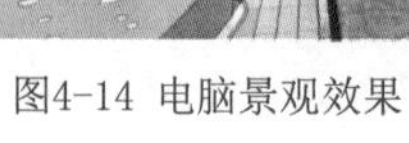
图4-14 电脑景观效果

要格外关注，不要出现地面翻翘、楼房歪斜之类的问题；然后注意图面的层次与细节，用色丰富则钢笔线条可适当简略，反之钢笔线条复杂则用色可适当简单；最后注意适当增添一些必要的配景，比如人、云彩、飞鸟、气球等，以活跃景观氛围。

图4-15 手绘景观效果

鸟瞰绘制技巧：无论采用一点透视、两点透视、散点透视甚至轴测都要求各景物之间比例、尺度准确适当；除表现景观本身还要尽可能反映周边环境，如道路、建筑、植被、地形情况等；注意近大远小、近处清晰远处模糊、近景写实远景写意的透视原则，尤其是周边状况，尽可能虚化，以达到空间明确、层次分明、真实可信；一般情况下，树木以10年以上树龄的体量展现。

对于一般人来说，学习阶段不要试图一下子就绘出美的效果图。首先锻炼抄绘能力。抄绘相似的别人设计的透视图或者摹写建成景点的照片，通过这样的方式构想景点，在寻找、抄绘的过程中思考自己的设计。然后将平面图和抄绘的效果图并列反复比较、改进，这种改进可以是双方面的，改进效果，也可以改进自己的设计。这样我们并不是凭空想象自己设计的景点，而是有图可依，透视变得相对容易。最后可以尝试用平面剖立面表达自己设计的景点，把自己想象成使用者、游赏者，通过使用方式剖析设计的景点的优缺点，改进平面，改进透视，循序渐进。每一个步骤都有相应的图纸作为支撑，能有效杜绝无根据、无理由的简单抄袭，逐步完成自己独特的方案。待到能力逐步提高后便可一次到位。

（5）设计说明

包含：项目背景与定位，景观与景点名称（借鉴中国古典园林的意境，命名要突出诗情画意），设计理念与原则，设计方法与内容等，此外还包括设计指标与参数，如用地平衡，技术经济指标等。书写规范、行文流畅，条理清晰，数据准确。

第三节　方案汇报与设计反思

一个景观设计并不是方案完成就结束，尤其是学习阶段，需要将之还原到场地中反思一下这个方案，有助于发现问题，提升设计品质，提高设计能力。同时，还需要说服别人接受这个方案。

一、方案汇报

方案汇报能力是一项重要的能力，作为设计者，一定要学会结合景观项目的前期分析及后期设计情况，在有限的一段时间内，将项目概况、总体设计定位、设计原则、设计内容、技术经济指标等诸多方面内容，有条有理地作一个全方位、系统而完整的汇报。不要想到哪里讲哪里，东一榔头西一棒，不知所云，或像断线的珠子散落一地，没有亮点。这就要掌握汇报的技巧。汇报人必须十分清楚项目的情况，在某些关键的环节上，要尽量介绍得透彻一点、直观化一点，并且一定要具有针对性。宜先分析一下场地状况，存在什么问题，再将设计指导思想和设计原则阐述清楚，然后再介绍设计布局和内容，一般从整体到局部，条理清晰，最后可以再将方案的特色部分重点强调。设计内容的介绍，必须紧密结合先前阐述的设计原则，使其具象化，以免给人造成空喊原则口号的印象。最后可展示设计意向图、效果图等。

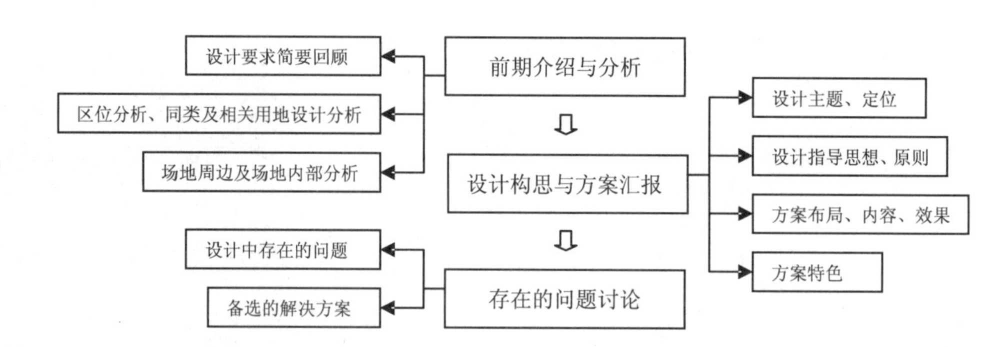

二、反思设计

反思设计是我们学习过程不可缺少的环节，可以通过交流充分学习别人方案的优点，发现自己的欠缺，也可以寻找相关的优秀设计案例再思考。还可以再去现场对照设计图感受自己的设计，把自己想象成使用人员，评价自己的方案，然后提出新的疑问，能解决的尽量解决，暂时解决不了的，拿来再讨论或留待日后的学习中自己发现答案。经过这样的反思就为一个完整的设计过程画上了句号。

第四节　景观设计的程序

我们在校学习期间的课程设计实际上只是完成了景观设计整个程序中方案设计的这一阶段，这一节对现阶段景观设计的程序作一个简单介绍（右表）。并不是所有的项目都遵循这样一个程序，实际操作过程中不同的项目可以依情况简化调整。

1. 基地踏勘与资料收集
了解整个项目的概况，包括项目的定位、建设规模、投资规模等
到相关部门收集所处地区的气候条件、水文、地质等资料
了解基地周围环境以及基地内环境等

⇩

2. 方案制作与方案评审会
对相关资料进行整理、归纳，进行方案构思与草图设计，逐步明确各景观元素的具体位置与形式
将方案说明、投资框（估）算、水电设计说明等汇编成文字部分
将总平面图、竖向设计图、各种分析图、植物配置图、建筑小品设计图等汇编成图纸部分
组织专家评审会（人员包括 相关专业专家，建设方领导，有关部门的领导，以及项目负责人和主创人员等）
项目负责人向领导和专家们作一个全方位汇报
方案评审会结束后，设计方会收到打印成文的专家组评审意见，设计方必须积极听取，立即进行方案修正

⇩

3. 扩初设计与扩初评审会
设计方结合专家组的方案评审意见，进行深入的扩大初步设计(简称"扩初设计")
在扩初文本中，应该有更详细、更深入的总平面、竖向设计、种植设计以及建筑小品的平、立、剖面等
在地形特别复杂的地段，应该绘制详细的剖面图
还应该有详细的水、电设计说明等
扩初评审会上，设计负责人要根据方案评审会上的专家意见，言简意赅地介绍扩初文本中的修改措施
即使未能修改，要充分说明理由，争取能得到理解
扩初会议后专家意见更集中，也更有针对性

⇩

4. 基地的再次踏勘与施工图设计
基地的再次踏勘，人员会有所不同，踏勘深度也有所不同，甚至基地情况也可能会有所变动
研究踏勘结果，调整随后进行的施工图设计
包括：总平面放样定位图、竖向设计图、一些主要剖面图、土方平衡表等
还包括建筑、结构、水、电的各专业施工图
编制施工图预算，即土方地形工程、建筑小品工程、道路广场工程、绿化工程、水电工程等的总造价

⇩

5. 施工图的交底
建设方组织设计方、监理方、施工方进行施工图设计交底会
在交底会上，建设、监理、施工各方提出发现的问题，各专业设计人员答疑

⇩

6. 设计师的施工配合
俗话说，“三分设计，七分施工”
设计师在工程项目施工过程中，随时解决施工现场暴露出来的各种问题
如何使三分的设计与七分的施工相结合，交上十分的答卷是每一个设计的最终目标

第五章　案例分析

第一节　准备性训练案例

训练一：古典园林抄绘与分析

训练目的：

通过中国古典园林的抄绘与分析，熟悉并掌握中国古典园林的空间布局、堆山叠石、庭园理水、植物配置以及造景手法等，为景观设计做好充分的前期准备。（如图5-1，图5-2，图5-3，图5-4，图5-5，图5-6，图5-7，图5-8）

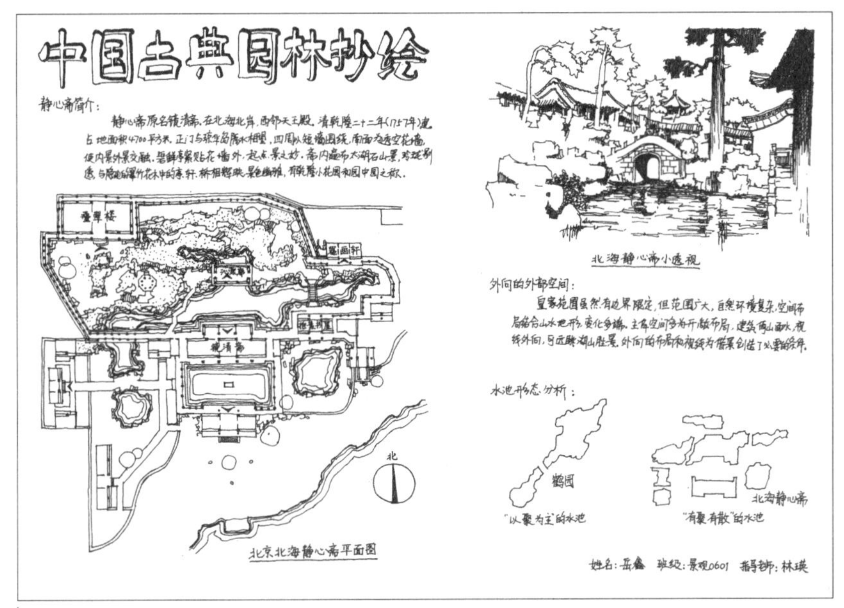

图5-1

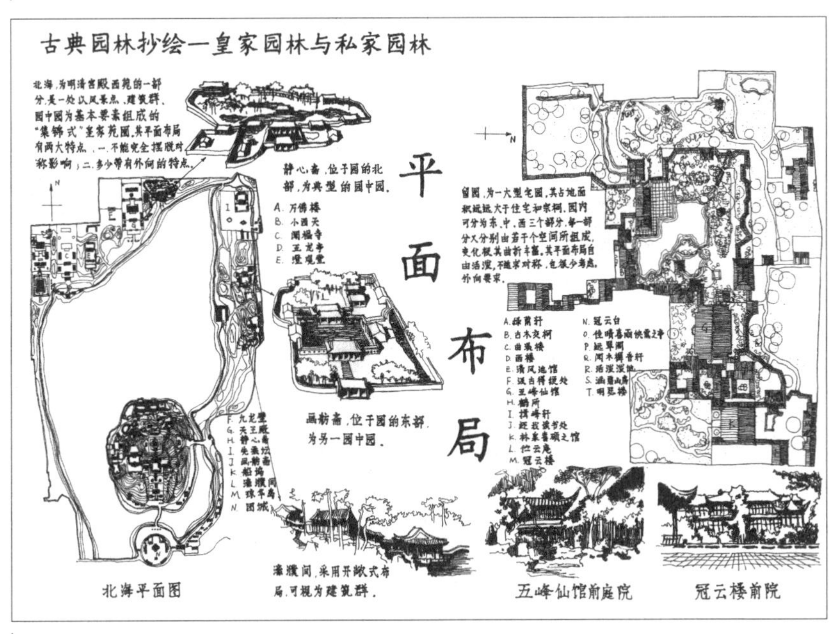

图5-2

古典园林抄绘
总平面图
拙政园
·庭院深深深几许·
小浪沧水院鸟瞰

图5-3

古典园林抄绘
拙政园海棠春坞鸟瞰
拙政园听雨轩鸟瞰

图5-4

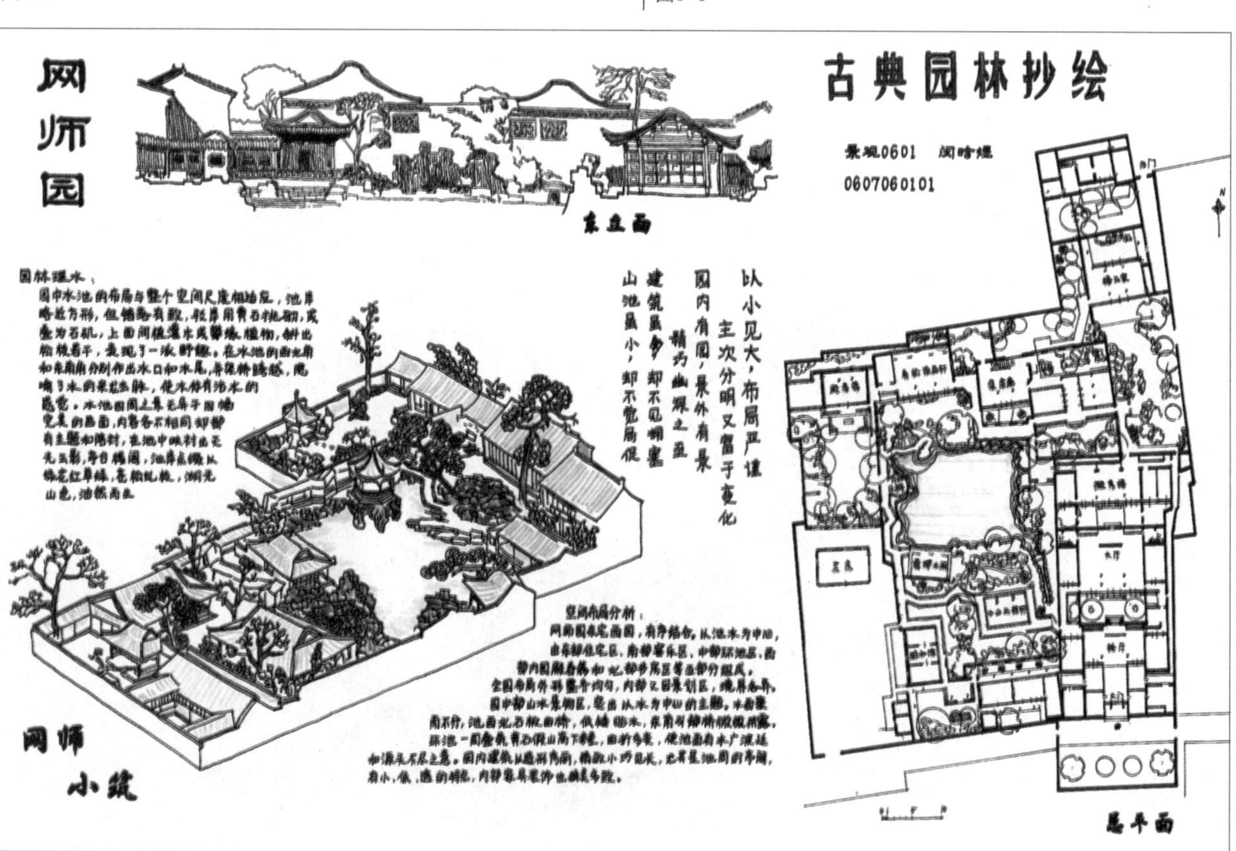
网师园
古典园林抄绘
东立面
景观0601
0607060101
以小见大，布局严谨
主次分明又富于变化
园内有园，景外有景
精巧幽深之至
建筑虽多，却不见拥塞
山池虽小，却不觉局促
园林理水：
网师小筑
总平面

图5-5

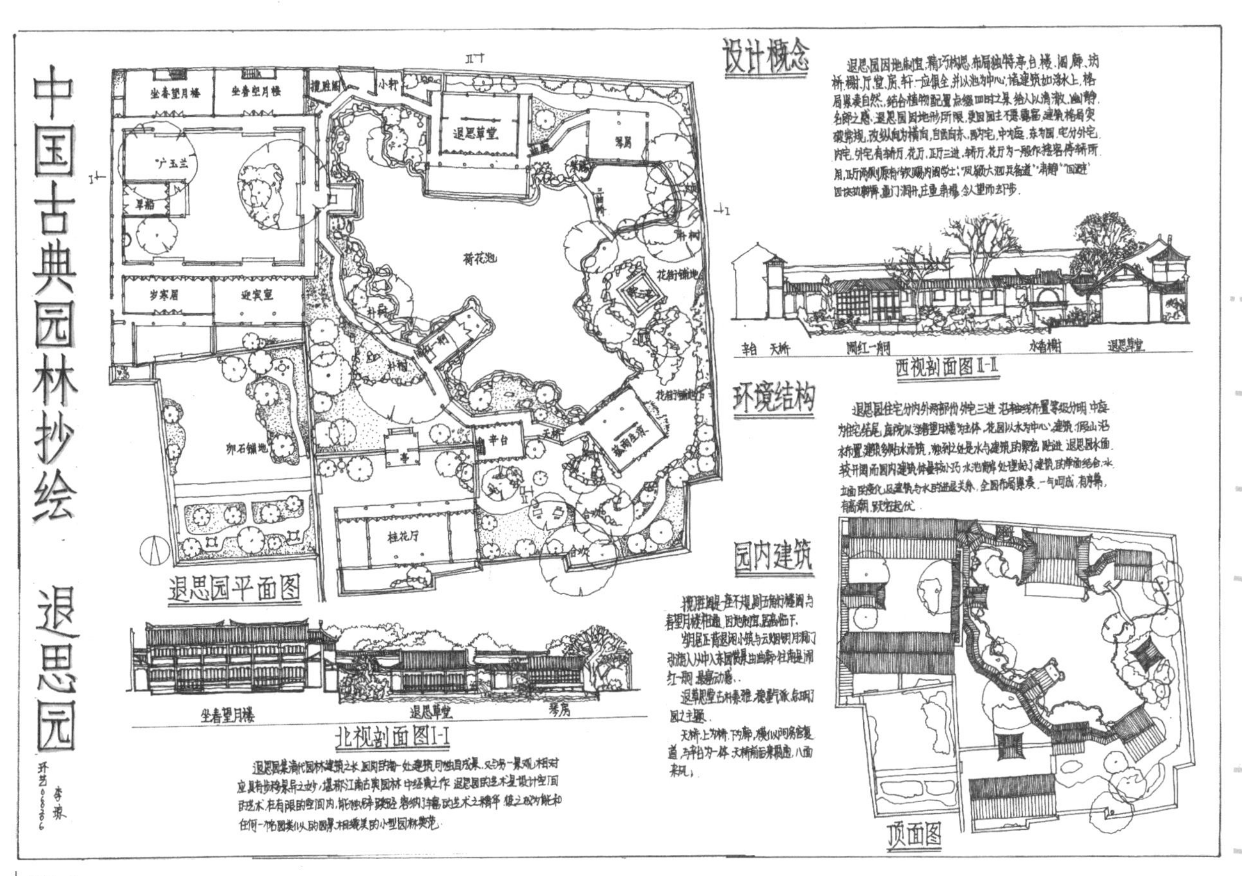
中国古典园林抄绘
退思园
设计概念
西视剖面图II-II
环境结构
园内建筑
退思园平面图
北视剖面图I-I
顶面图

图5-6

中国古典园林抄绘
怡园
怡园平面图
怡园南北剖面图
鸟瞰图

图5-7

中国古典园林抄绘
——寄畅园
叠石
引泉
借景
造景手法分析
理水

图5-8

训练二：尺度感的培养与积累

训练目的：

尺度感的培养是每一个设计人员的必修课，这往往是景观专业学生所忽视，而又恰恰非常欠缺的。该训练的目的是让学生时时刻刻注意观察、测量、积累周边事物、空间的尺度，研究优秀经典案例的设计尺度，以达到心中有丘壑，不至于犯下严重的尺度错误。（如图5-9，图5-10，图5-11）

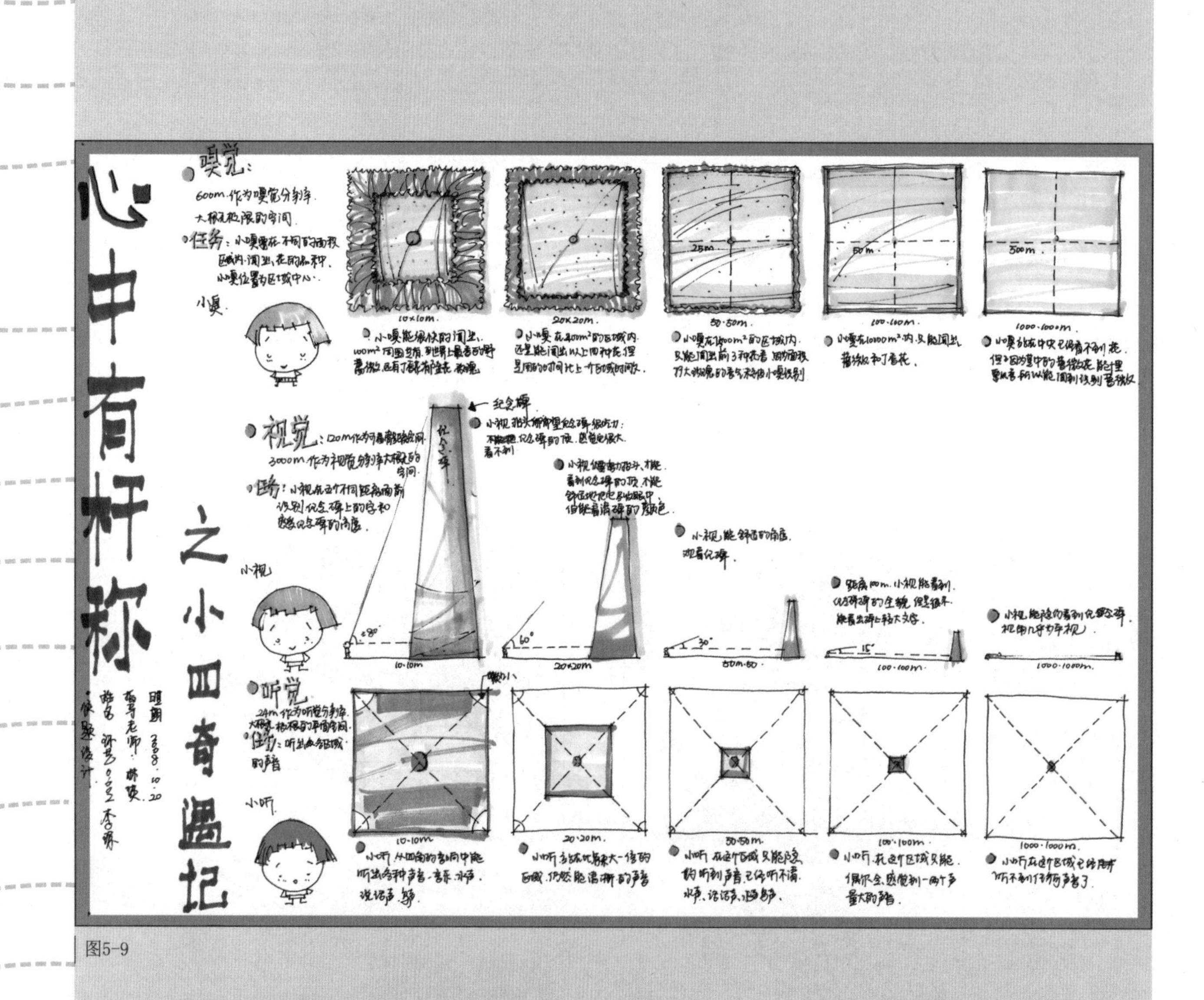

图5-9

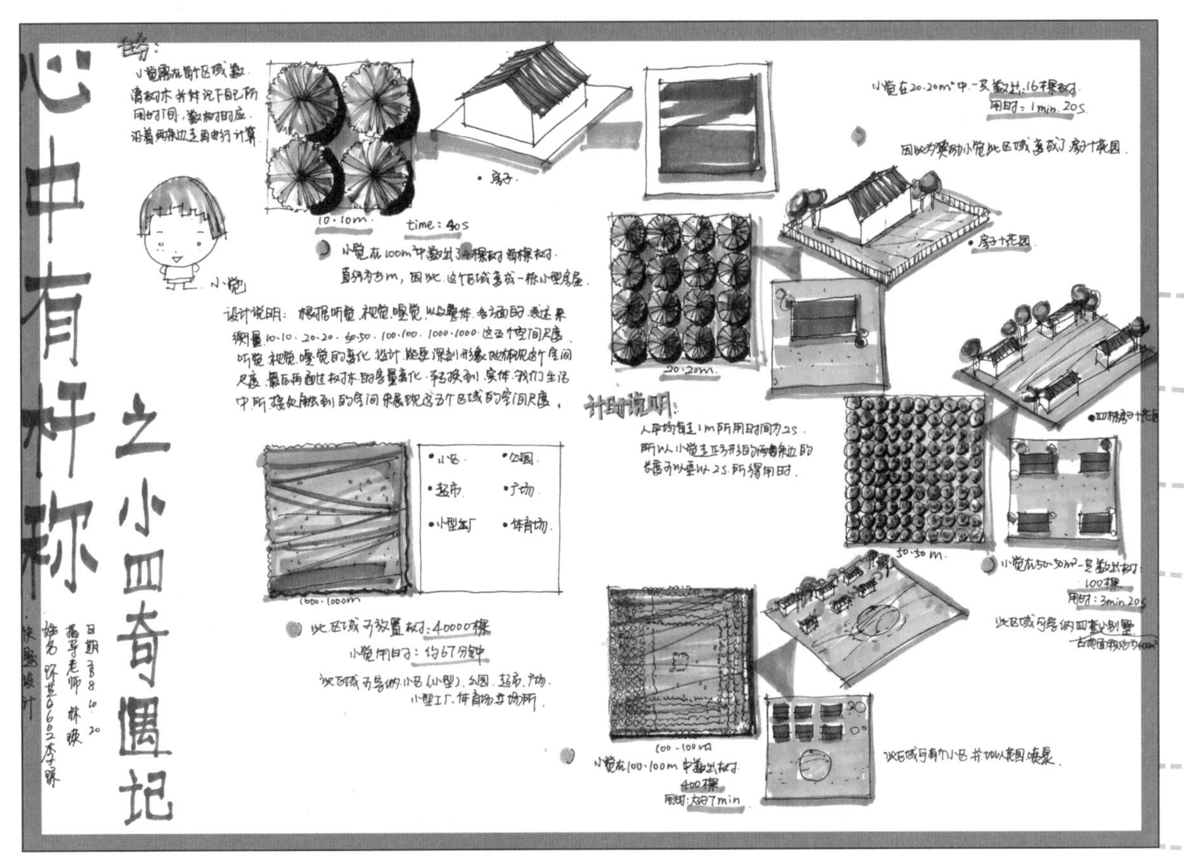
心中有杆称
之小皿奇遇记
10·10m
time：40s
20·20m
50·50m
100·100m
1000·1000m
计时说明：
图5-10

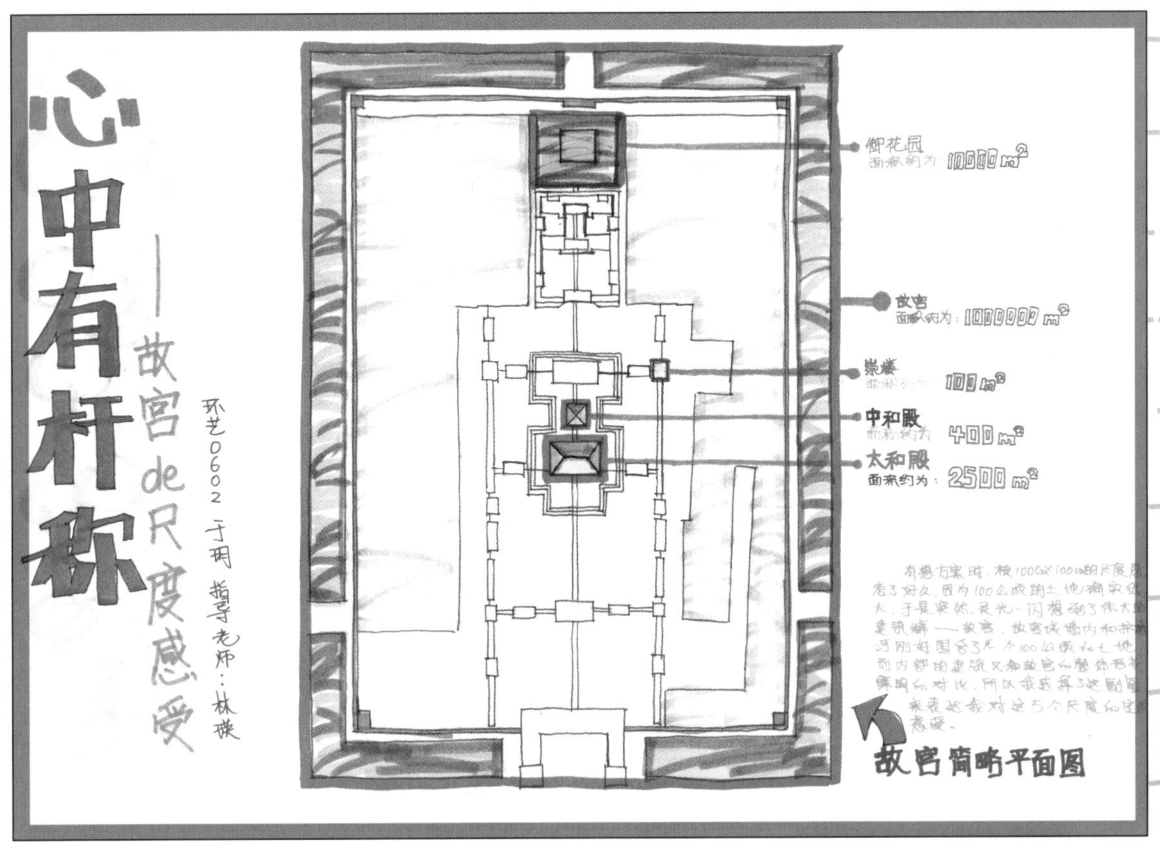
心中有杆称
故宫de尺度感受
环艺0602 于雨 指导老师：林瑛
御花园
故宫
中和殿
400m²
太和殿
面积约为：
2500m²
故宫简略平面图
图5-11

训练三：景观调研与场地分析

训练目的：

利用周边丰富的景观资源，通过对优秀景观设计实例的考察，帮助理清景观设计的思路，理解景观设计的内涵，丰富景观设计的语言，同时完成对设计场地的分析，以指导场地设计。（如图5–12，图5–13，图5–14，图5–15，图5–16，图5–17）

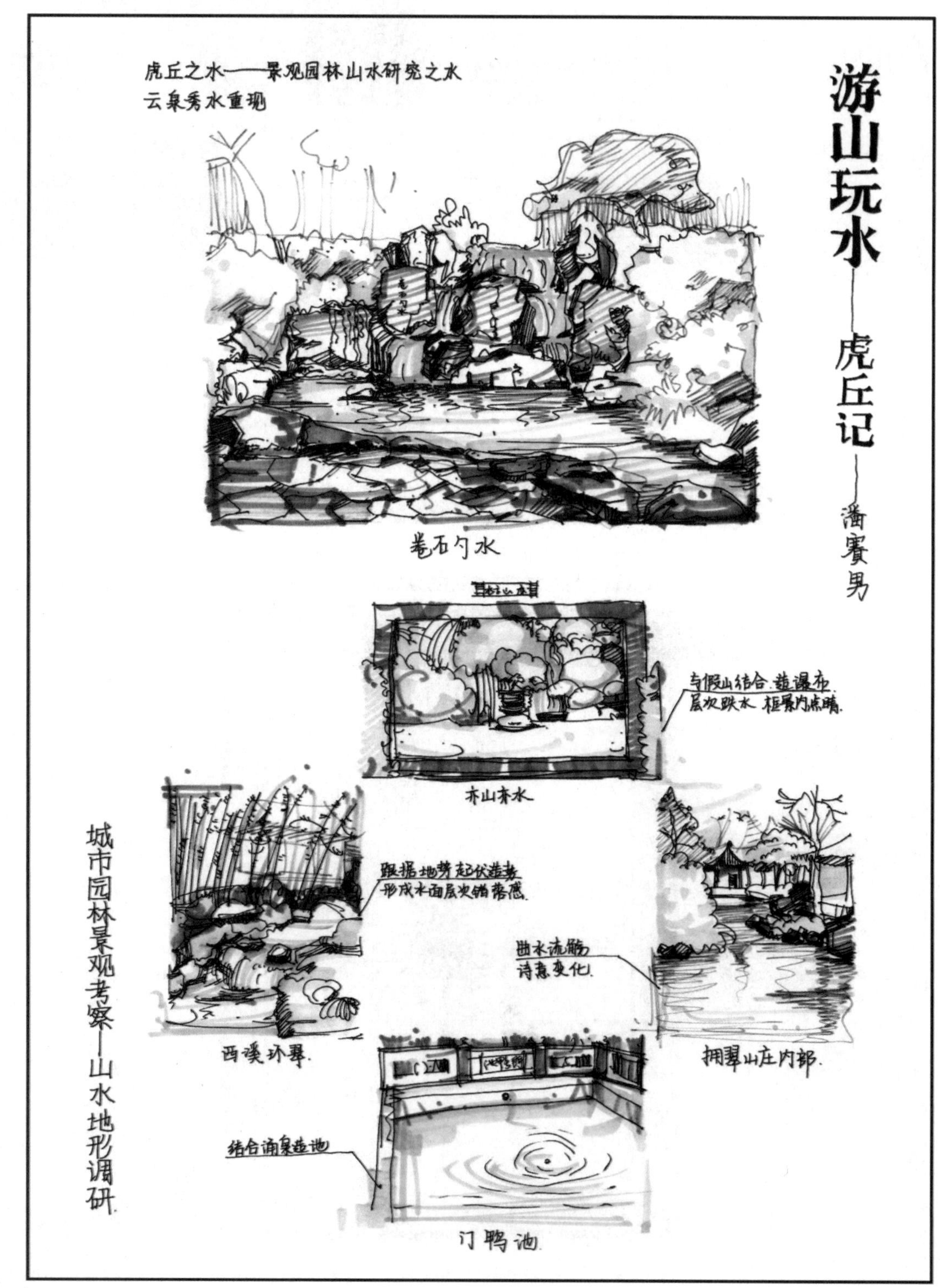

图5-12

游山玩水——虎丘记——于亚男

虎丘之丘——景观园林山水研究之山势地形

虎丘属于依天然山丘而建，经过人工的修整，使其地形多变，空间复杂，多处对空间进行的精心处理、让并不是很大的虎丘游览时会更有兴趣停留、上上下下之间使游人在不同高度观察园林，让游人在心理上觉得虎丘面积很大并且趣味无穷、调动了游人游园的兴趣。而假山有了水的渲染更加有古典园林中禅宗的意境。

虎丘的拥翠山庄就是利用虎丘的天然山坡，在平坦之处的台地上筑室架屋，在陡峭之处则布置园景，依山势分四个层次，逐层升高，在剖面上呈阶梯状。平面呈狭窄的长方形，范围虽小，但由于每层台地的布局都不相同，看上去景色十分丰富。

问泉亭和轩屋跟一边的陡峭山坡相互依托，是引导游人登山的一个吸引点，这样，既增加了小园前后的空间层次，又将人们的视线引向高处。在亭子的西、北两面，在真山的悬崖下又堆叠了假山，显得更有气势。园内的景色与园外的自然山林景色溶合在一起，充满意趣。

从自然山石和人工堆砌的小道上去，就来到了主要建筑灵澜精舍的平台上，灵澜精舍居北，是拥翠山庄的最高层。它能利用山势，巧借园外景物。往下看，是虎丘山麓风景；往上看，则是虎丘著名的古塔，远远能眺望到狮子山。也就是著名的“狮子回头望虎丘”。

城市园林景观考察——山水地形调研

图5-13

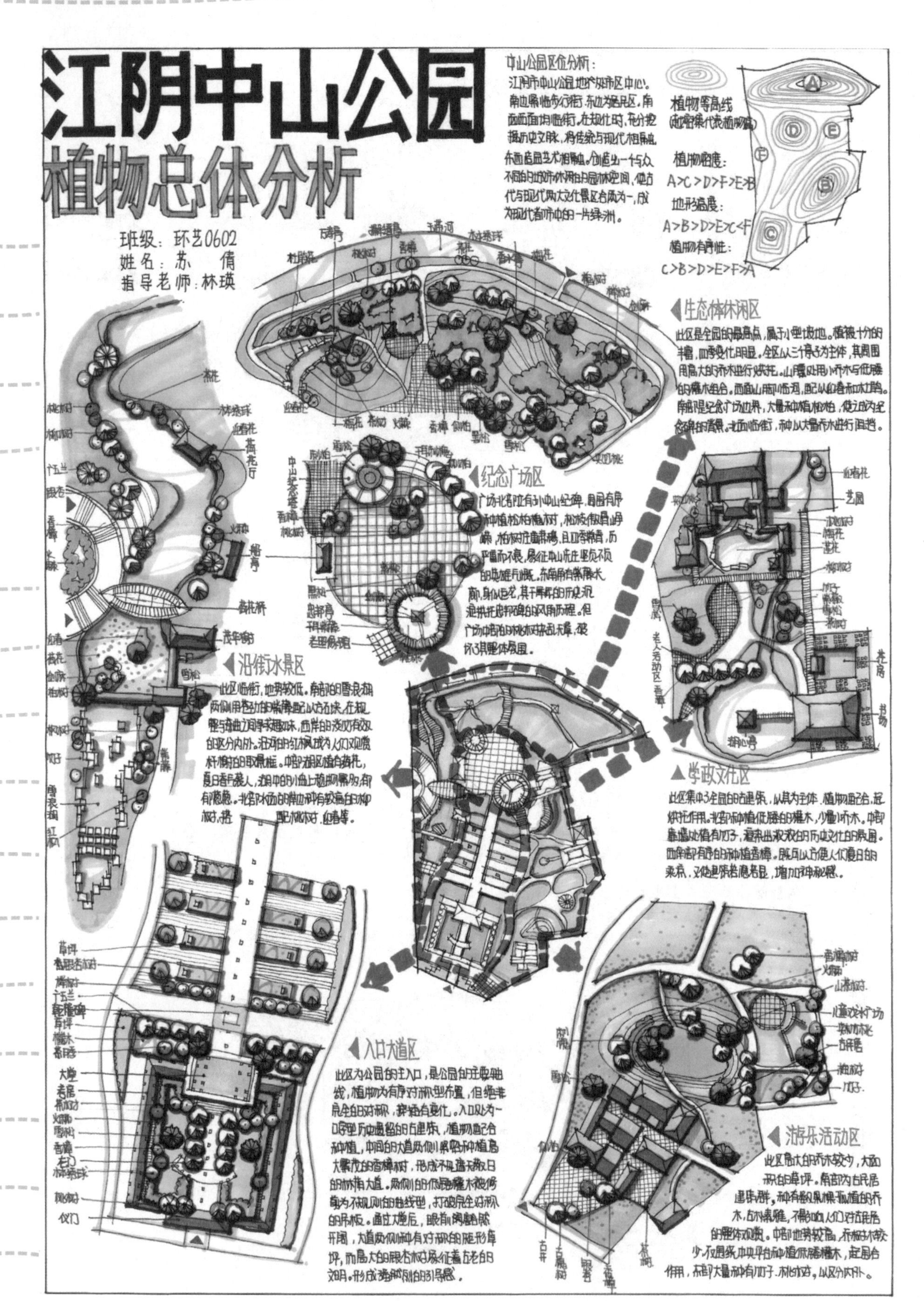
江阴中山公园
植物总体分析
班级：环艺0602
姓名：苏 倩
指导老师：林瑛
中山公园区位分析：
江阴市中山公园地处城市区中心。南边紧临步行街，东边为居民区，南面西面均临街。在现代时，充分挖掘历史文脉，将传统与现代相融合，东西方造园艺术相融合，创造出一个与众不同的古今休闲的园林空间，使古代与现代两大文化景区合而为一，成为现代都市中的一片绿洲。
植物等高线
植物密度：
A>C>D>F>E>B
地形高度：
A>B>D>E>C<F
植物有序性：
C>B>D>E>F>A
生态休闲区
此区是全园的最高点，属于小型坡地。植被十分的丰富，四季变化明显。全区以三个亭子为主体，其周围用高大的乔木进行烘托。山腰处用小乔木与低矮的灌木组合。西面山脚临河，配以迎春和杜鹃。南面是纪念广场边界，大量种植松柏，使之成为纪念碑的背景。北面临街，种以大量乔木进行围挡。
纪念广场区
广场北部立有孙中山纪念碑，周围有序种植松柏槐树，松枝傲骨峥嵘，柏树庄重肃穆，且四季常青，历严寒而不衰，象征中山先生坚贞不屈的英雄气概。东南角有紫藤长廊，身似游龙，其千年的历史现象烘托出纪念碑的风雨历程。但广场中部的树木较杂乱无章，破坏了其整体氛围。
沿街水景区
此区临街，地势较低。南部的雪浪湖两侧用苍劲的紫藤配以方石块，在规整与弯曲之间寻求趣味，西岸的浅水有效的区分内外。沿河的红枫成为人们观赏栏杆框的取景框。中部湖区植有荷花，夏日香气袭人，湖中的小曲上随柳垂悬，有的隐隐。北部水面的岸边种有较高的水杉树，搭配桃树、迎春等。
学政文化区
此区集中了全园的古建筑，以其为主体，植物配合，起烘托作用。北部种植低矮的灌木，少量小乔木。中部靠墙处植有竹子，渲染出寂寥的历史文化的氛围。西南部有序的种植香樟。既可以方便人们夏日的乘凉，又使建筑若隐若现，增加神秘感。
入口大道区
此区为公园的主入口，是公园的主要轴线，植物为有序对称型布置，但绝非完全的对称，稍有变化。入口处为一座历史遗留的古建筑，植物配合种植，中间的大道两侧紧密种植高大繁茂的香樟树，形成不见蓝天的林荫大道。两侧的低矮灌木被修剪为不规则的曲线型，打破完全对称的呆板。通过大殿后，眼前豁然开阔，大道两侧种有对称的矩形草坪，而高大的银杏树象征着古老的文明，形成豁然开朗的引导感。
游乐活动区
此区高大的乔木较少，大面积的草坪。南部为古民居建筑群，种有极具观赏性的乔木，古朴素雅，不影响人们对古民居的整体观赏。中部地势较高，乔木较少，故周边中央平台种植低矮灌木，起围合作用，东部大量种有竹子、桃树，以区分内外。

图5-14

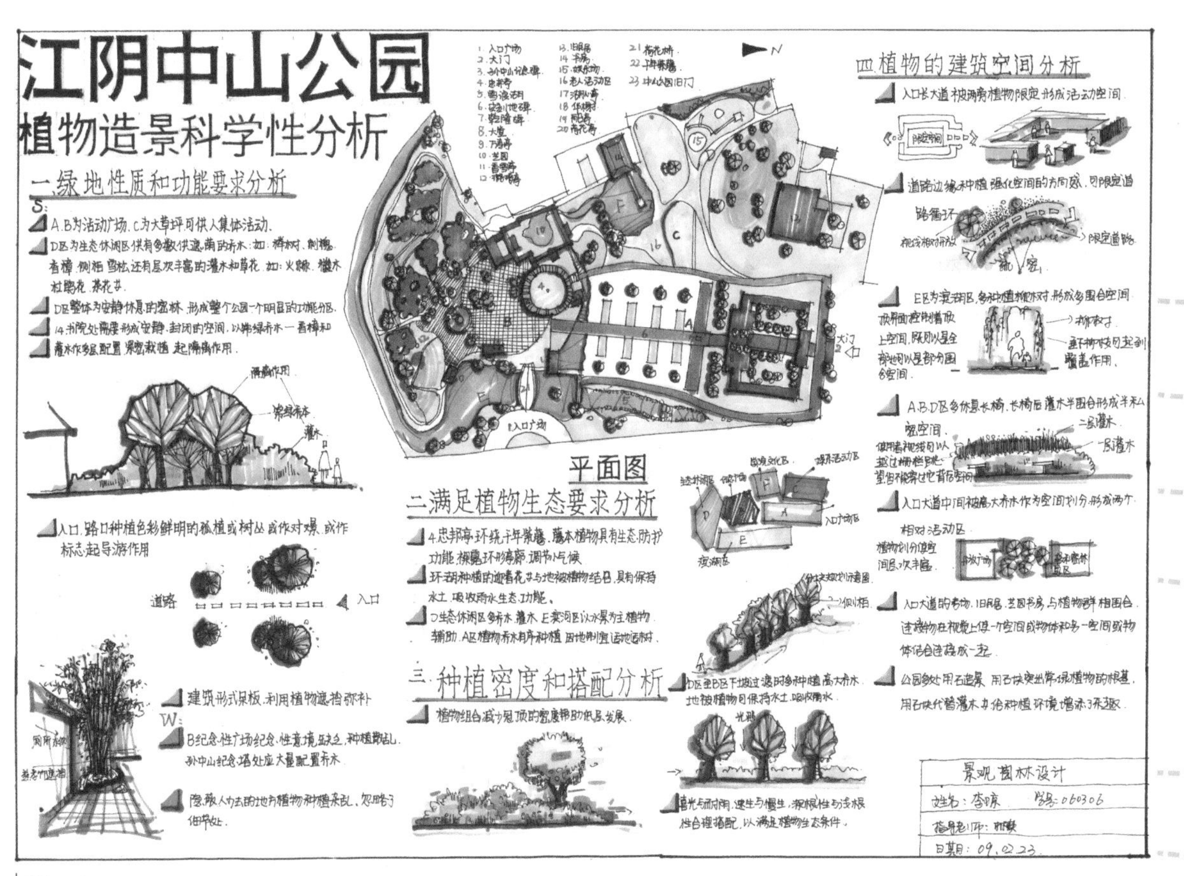
江阴中山公园
植物造景科学性分析
一绿地性质和功能要求分析
平面图
二满足植物生态要求分析
三 种植密度和搭配分析
四植物的建筑空间分析
景观园林设计
图5-15

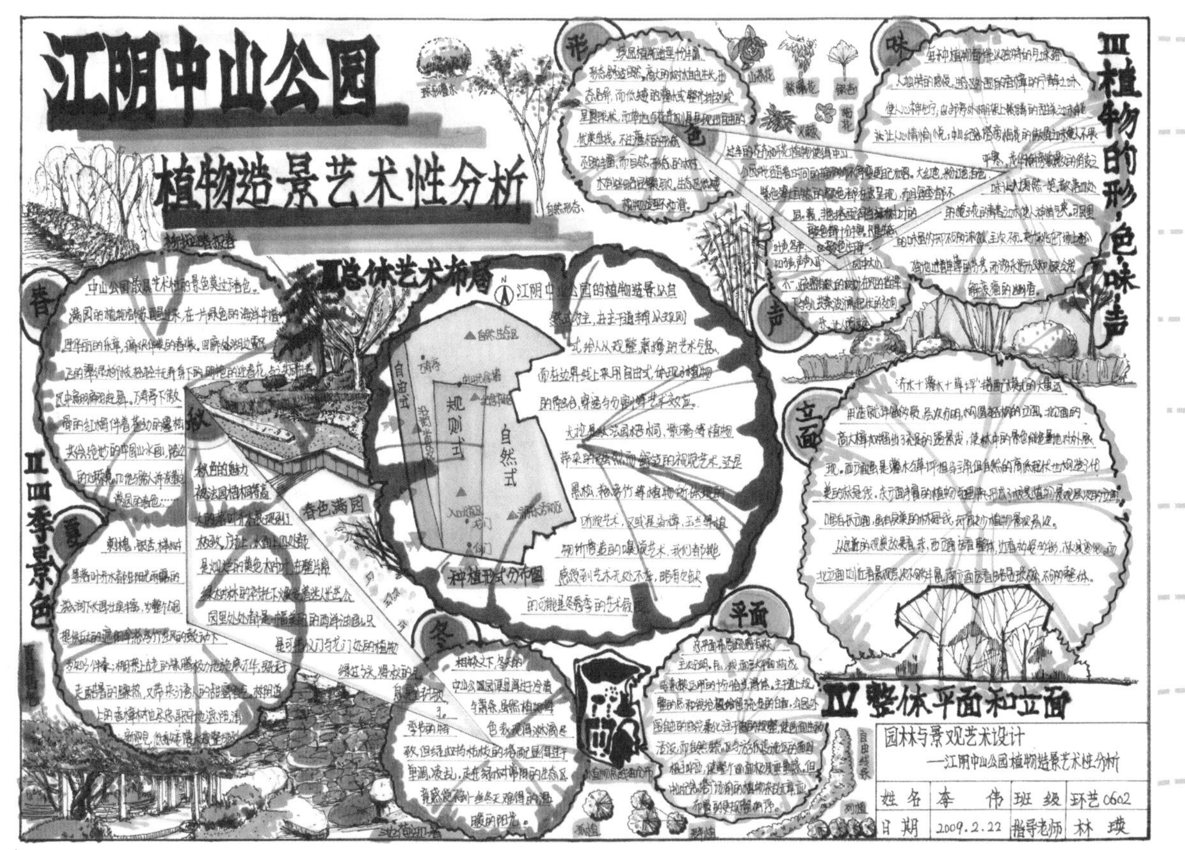
江阴中山公园
植物造景艺术性分析
总体艺术布局
规则式
自然式
种植形式分布图
四季景色
春
夏
秋
冬
植物的形，色，味，声
形
色
味
声
立面
平面
IV 整体平面和立面
园林与景观艺术设计
—江阴中山公园植物造景艺术性分析
姓名 李伟 班级 环艺0602
日期 2009.2.22 指导老师 林瑛
图5-16

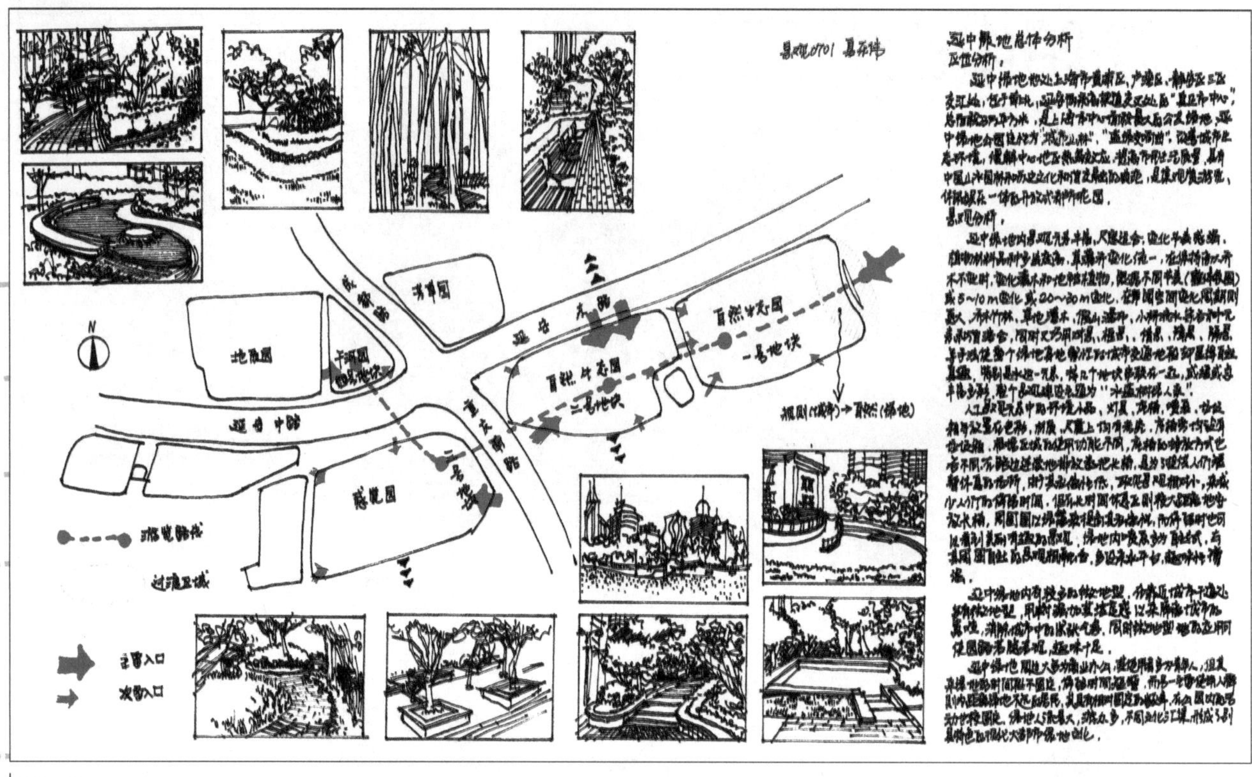

图5-17

第二节　课题性训练案例

课题一：校园景观设计

训练目的：

在了解景观类别、功能与国内外发展状况及研究优秀景观规划设计实例的基础上，通过本课程学习，掌握校园景观用地规划设计的内容和方法，巩固加深对景观设计的学习与理解，培养学生独立完成校园景观调查与场地分析、整体布局、功能分区、景点设计及植物种植、道路系统与游览路线组织等方面的综合能力，理论联系实际，在兼顾“经济、适用、美观”的同时，充分发挥想象力和创造力，努力营造具有典型特色和艺术内涵的校园环境。

校园景观设计要点：

校园景观为学校提供了教书育人的环境氛围，应具有潜移默化的教化作用。校园景观设计应遵循整体性原则，示范、教化性原则，可参与性原则，生态性原则和经济性原则。校园景观应在遵循校园整体规划的前提下延续校园文化，成为校园文化的外化，既要有统一、整体的文化风格与内涵，又要起到示范、教育的作用，不宜过于铺张，以至于和倡导节约的教育观念相悖。同时，校园景观是莘莘学子读书、学习、生活、娱乐的场所，要具有极强的可参与性，植物设计上要体现生态多样性，也可以选择几种植物作为校园的特色植物，例如武大樱园的樱花、桂园的桂花；厦大的凤凰花等。校园景观设计还应该注意结合不同的功能分区形成不同的景观区域，如入口区注重体现校园整体文化氛围与校园的气魄；教学区刻意营造学习交流的氛围；宿舍区营造轻松温馨的气氛；而相对独立且自然环境优美的区域则适合于建成一个集交流、学习、休闲、散步、娱乐等活动于一体的综合区域等。

某校园景观用地（图5–18）基地分析：

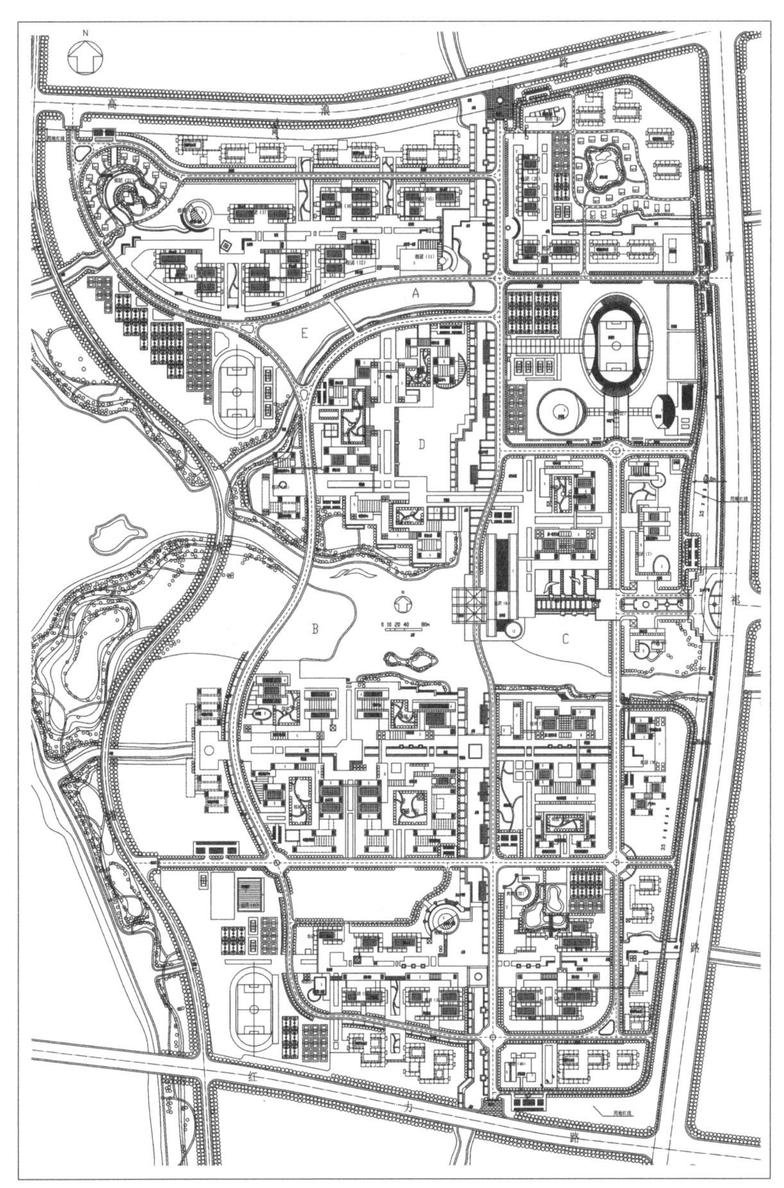

本课题选取某大学内五地块供学生思考，由于地块位于校园内，整体风格上既要延续校园景观特点，同时又由于具体环境的不同导致每块地的设计要营造各自的景观特色。其中A和E两地块位于学生宿舍区与教学区以及食堂之间，设计的时候需要更多考虑穿越问题，但两者也有不同，E地块西侧临体育运动区，形状也较A方正，这些都使其在设计的时候所有区别；D地块位于北区的教学区内，隔着主要景观水渠和干道与体育馆相邻，周边的教学大楼属艺术与设计两学院，景观特色上要考虑这些特点，营造艺术的氛围，提供师生交流的场所；C和B两地块相对独立，周边环境条件较好，于校园内湖东西两侧隔水相望，其中C位于东大门入口景观轴线的一侧，周边是行政楼、图书馆以及第一、第二教学楼等建筑，B则更加独立，成为一个半岛，伸入水中，与校外的湿地公园相连，是一个校内晨读、休息、漫步、聊天、思考的最佳去处。设计过程中一定要注意每块地的设计差别，关注师生需求，营造和谐统一又变化丰富的校园景观。

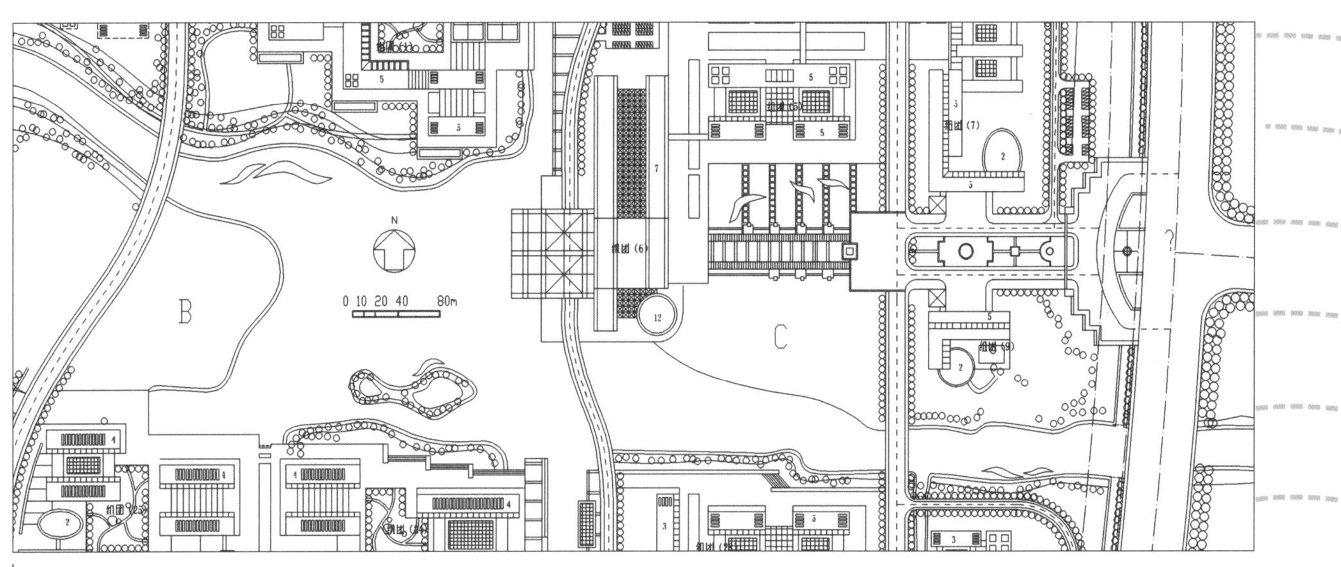

图5-18

作业1点评：（如图5-19，图5-20，图5-21）

该同学认真研究了广大师生的需求，方案主题明确，分区合理，为师生提供了学习交流的空间，植被种植疏密得当，但是乔灌草的搭配略显不足，另外，校园景观设计宜简不宜繁，设计大规模的叠水稍嫌不妥。

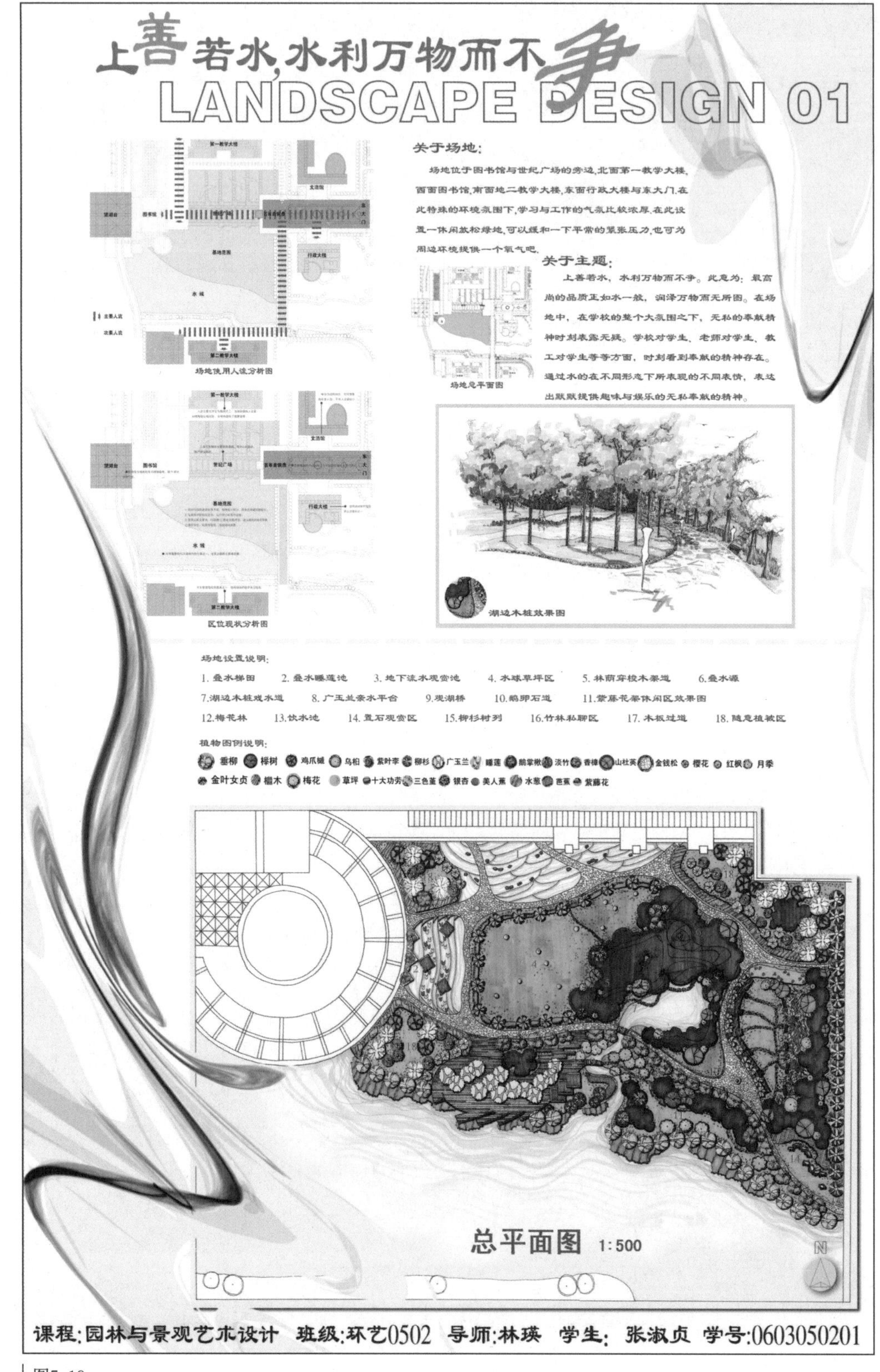

图5-19

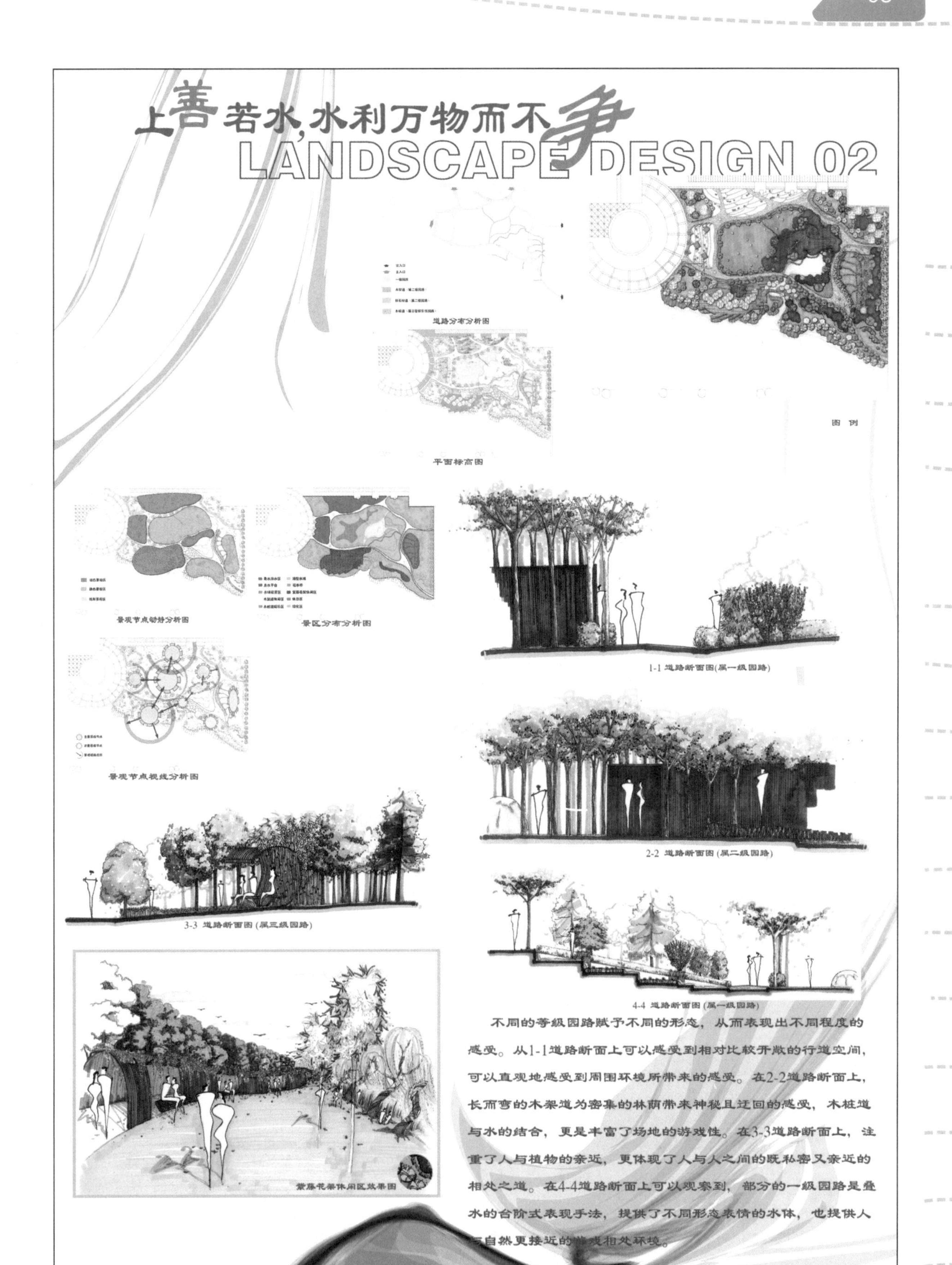
上善若水，水利万物而不争
LANDSCAPE DESIGN 02
道路分布分析图
图例
平面标高图
景观节点动静分析图
景区分布分析图
景观节点视线分析图
1-1 道路断面图(属一级园路)
2-2 道路断面图(属二级园路)
3-3 道路断面图(属三级园路)
4-4 道路断面图(属一级园路)
紫藤花架休闲区效果图
不同的等级园路赋予不同的形态，从而表现出不同程度的感受。从1-1道路断面上可以感受到相对比较开敞的行道空间，可以直观地感受到周围环境所带来的感受。在2-2道路断面上，长而弯的木架道为密集的林荫带来神秘且迂回的感受，木桩道与水的结合，更是丰富了场地的游戏性。在3-3道路断面上，注重了人与植物的亲近，更体现了人与人之间的既私密又亲近的相处之道。在4-4道路断面上可以观察到，部分的一级园路是叠水的台阶式表现手法，提供了不同形态表情的水体，也提供人与自然更接近的游戏相处环境。
课程:园林与景观艺术设计　班级:环艺0502　导师:林瑛　学生:张淑贞　学号:0603050201

图5-20

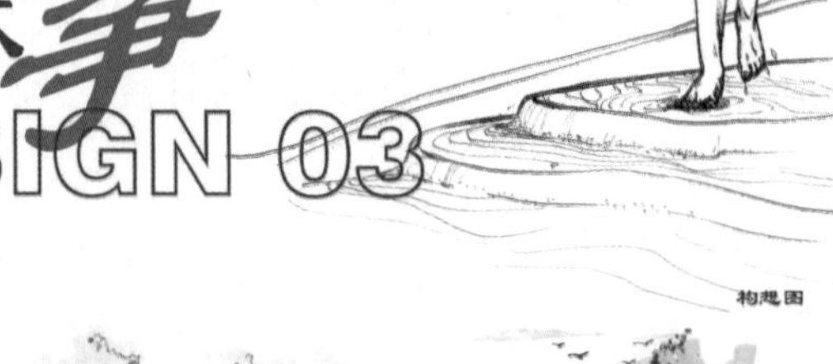

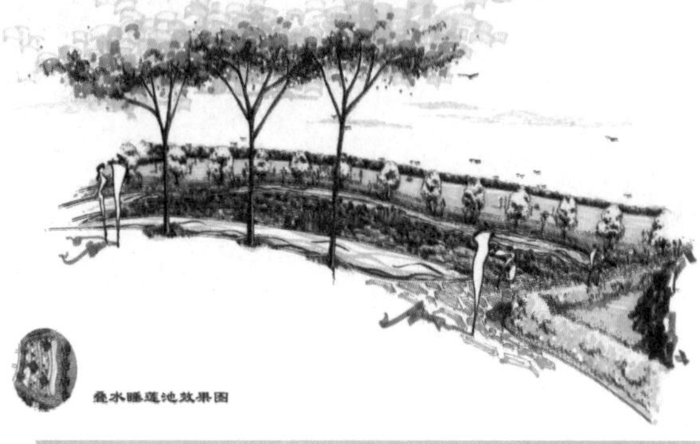

本方案的主要题材是水与人的关系，因此提供人与水接近的方式是主要的表现方法。从构想图上可以看出让人与直接接触的想法是应用在叠水梯田区与叠水睡莲池上。人们可以直接涉水、戏水、亲近水。水的无私奉献精神还应用在其他的方式上。如水球草坪区，水球可以流水出来，既增加了趣味性，又提供了水源给周边的草坪，人们可以在宽阔的水球草坪上游玩与休息。亲水平台设置在场地的南面，对面可以借景第二教学大楼和石拱桥，体验到安宁的一面。在场地的两个拐弯迂回处设置了望湖桥。在桥上可以看到不一样的周遍环境特色。

紫藤花架休闲区与竹林私聊区更是提供了私密安静的环境来增加场地空间的丰富性与功能性。

身处于此场地中，可以观看到不同的植被，在不同的季节里，感受不同的植物形态与不同的表情。场地既提供乐趣，又提供了舒适而安静的环境来放松人们平常充满压力的生活。

课程:园林与景观艺术设计 班级:环艺0502 导师:林瑛 学生:张淑贞 学号:0603050201

图5-21

作业2点评：（如图5-22，图5-23，图5-24，图5-25）

该同学在研究人流穿越的问题后提出了一个解决穿越的办法，基于基地北高南低的倾斜地势以及东侧的桥，创造性地设计了一条从西北跨向东南的空中栈道，解决了这个方向上穿近道的难题，极大地方便了广大师生，另外，方案中对于自然式手法与规则式手法的结合问题也解决得比较好。但是植物景观的设计略显不足。

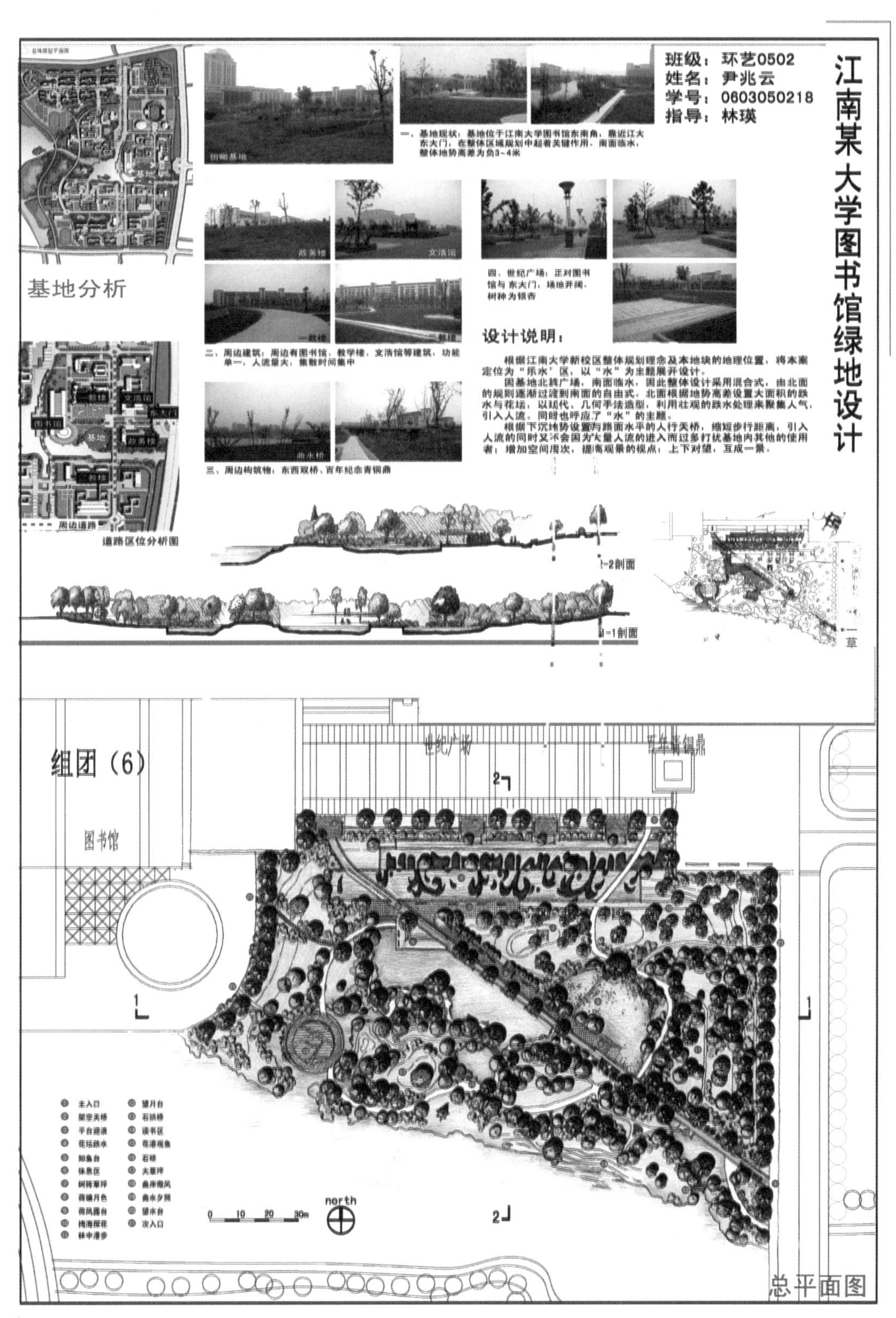

图5-22

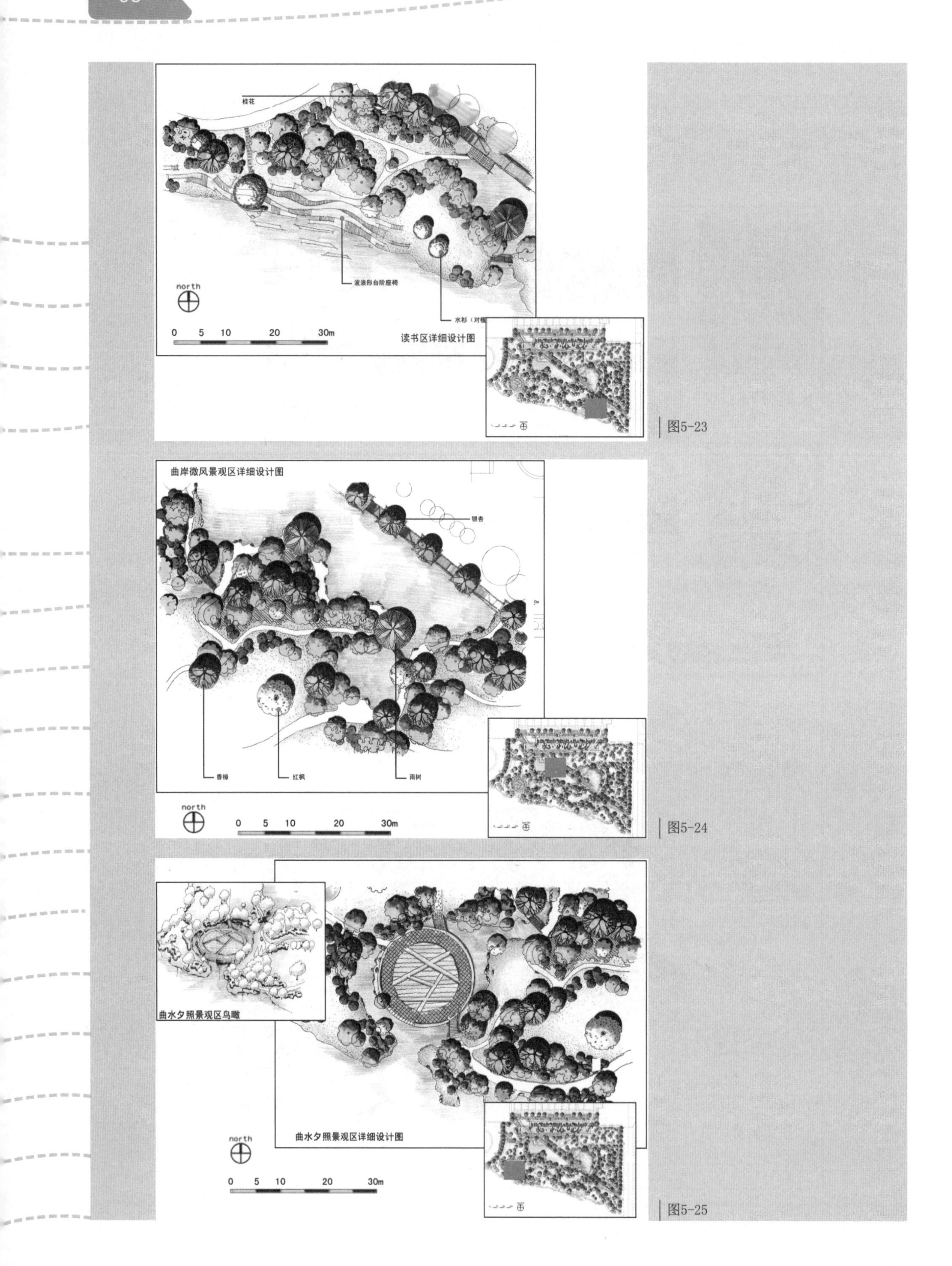

图5-23

图5-24

图5-25

作业3点评：（如图5-26，图5-27，图5-28）

该方案结合原有地形创造性地用岛屿来组织各项功能，是一个很好的尝试，对岛屿的大小面积、远近关系、功能等都进行了仔细的研究，合理划分了学习、休闲、交流等空间，但是剖立面过于单薄，剖切的位置还可以再研究，植物景观还可以再深入，另外总图缺乏指北针、比例尺等。

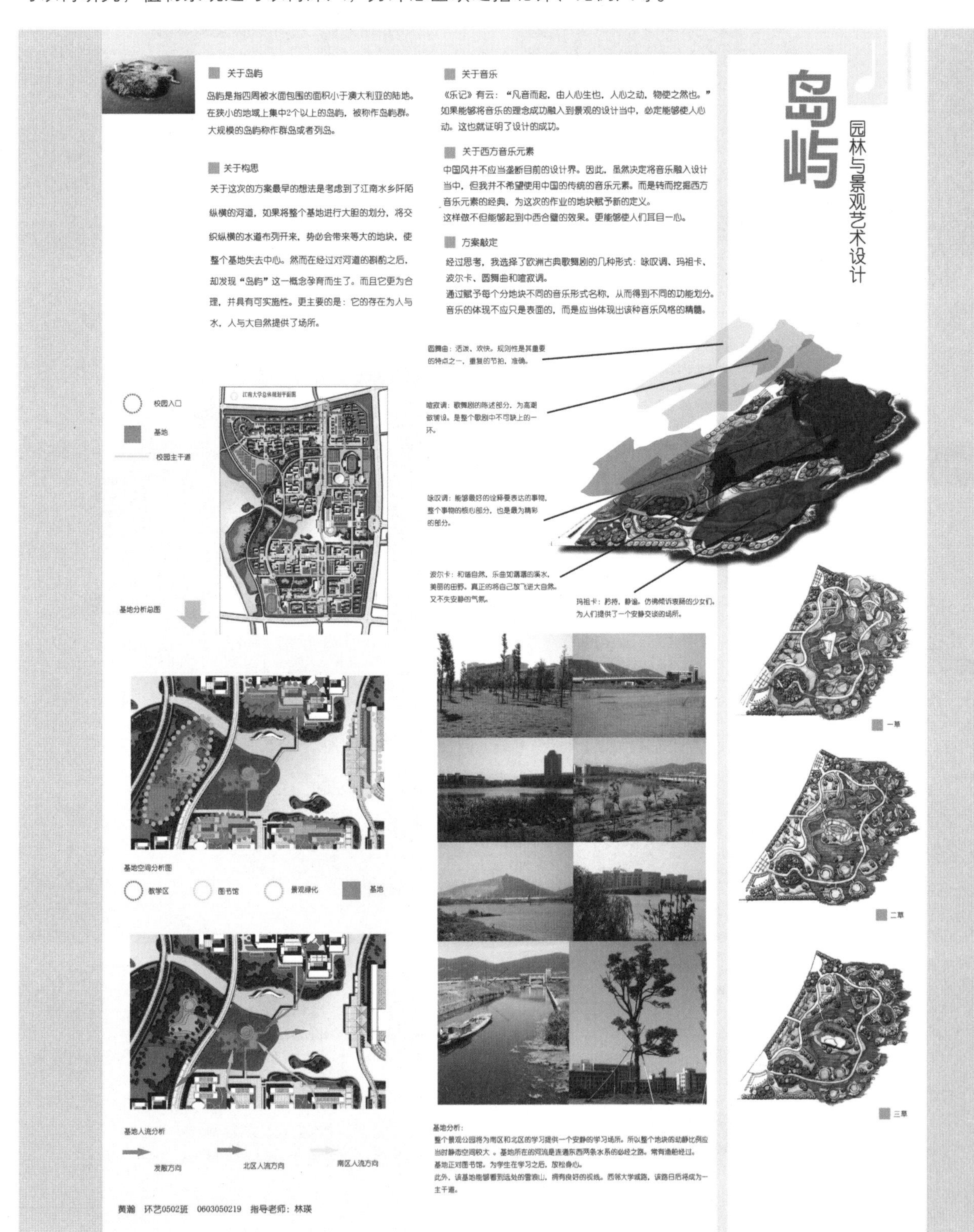

图5-26

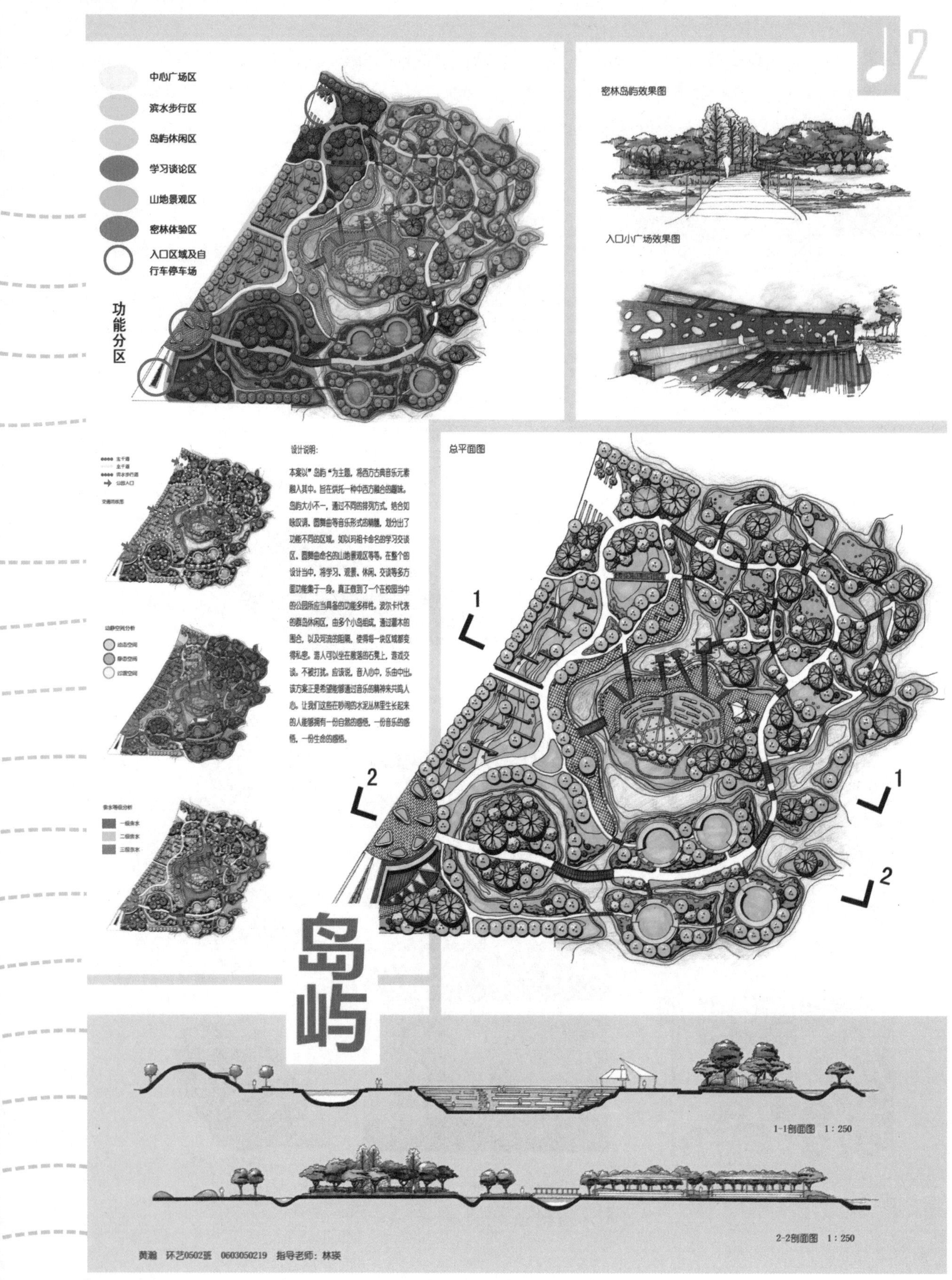
2
中心广场区
滨水步行区
岛屿休闲区
学习谈论区
山地景观区
密林体验区
入口区域及自行车停车场
功能分区
密林岛屿效果图
入口小广场效果图
设计说明:
本案以”岛屿“为主题，将西方古典音乐元素融入其中。旨在烘托一种中西方融合的趣味。岛屿大小不一，通过不同的排列方式，结合咏叹调、圆舞曲等音乐形式的精髓，划分出了功能不同的区域。如以玛祖卡命名的学习交谈区、圆舞曲命名的山地景观区等等。在整个的设计当中，将学习、观景、休闲、交谈等多方面功能集于一身。真正做到了一个在校园当中的公园所应当具备的功能多样性。波尔卡代表的群岛休闲区，由多个小岛组成，通过灌木的围合，以及河流的阻隔，使得每一块区域都变得私密。游人可以坐在散落的石凳上，游戏交谈，不被打扰。应该说，音入心中，乐由中出。该方案正是希望能够通过音乐的精神来共鸣人心。让我们这些在砂间的水泥丛林里生长起来的人能够拥有一份自然的感悟，一份音乐的感悟，一份生命的感悟。
总平面图
岛屿
1-1剖面图 1：250
2-2剖面图 1：250
黄瀚 环艺0502班 0603050219 指导老师：林瑛

图5-27

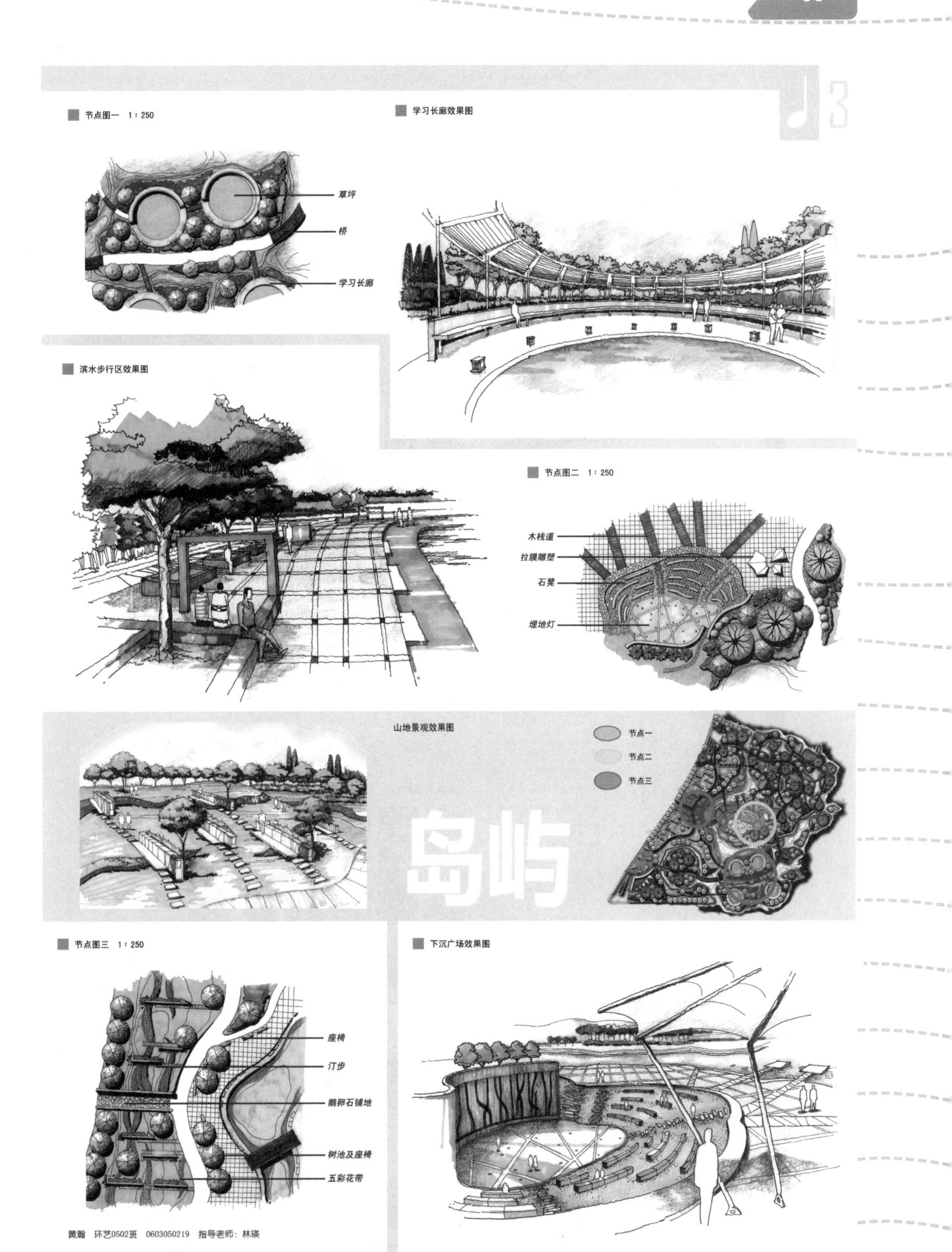
节点图一　1：250
草坪
桥
学习长廊
学习长廊效果图
滨水步行区效果图
节点图二　1：250
木栈道
拉膜雕塑
石凳
埋地灯
山地景观效果图
节点一
节点二
节点三
岛屿
节点图三　1：250
座椅
汀步
鹅卵石铺地
树池及座椅
五彩花带
下沉广场效果图
黄瀚　环艺0502班　0603050219　指导老师：林瑛

图5-28

作业4点评：（如图5-29，图5-30，图5-31）

该方案道路流畅，功能合理，植物种植疏密得当，景观层次丰富，气氛和谐。需要注意的是，节点放大也应标明比例，植物配置还可再深入，形成种类丰富、层次分明、色彩明快的群落景观，另外，作为校园景观，该方案对于水体的处理显得复杂，尤其是那个瀑布，使得场地更像个公园。

图5-29

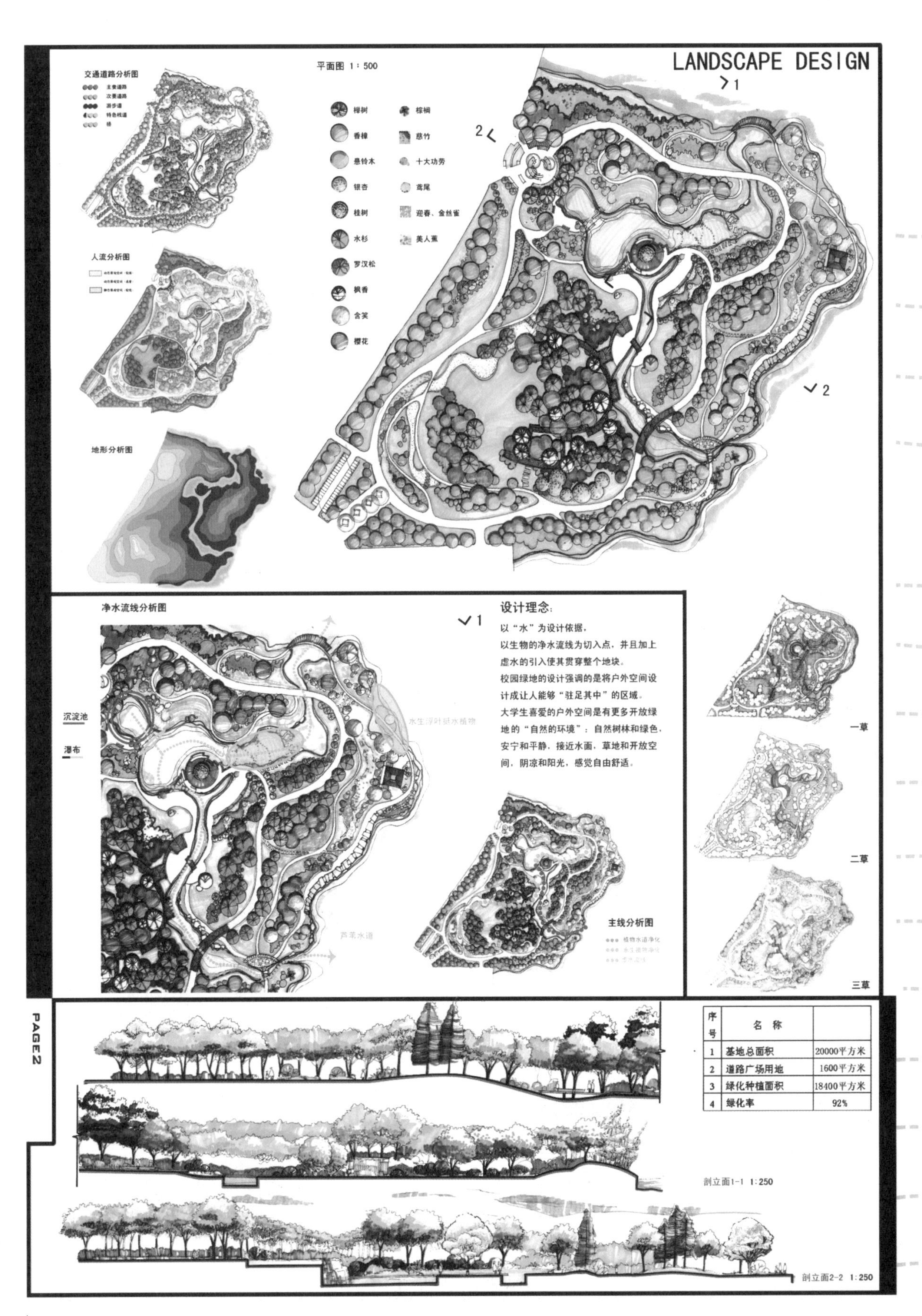

序号	名　称	
1	基地总面积	20000平方米
2	道路广场用地	1600平方米
3	绿化种植面积	18400平方米
4	绿化率	92%

图5-30

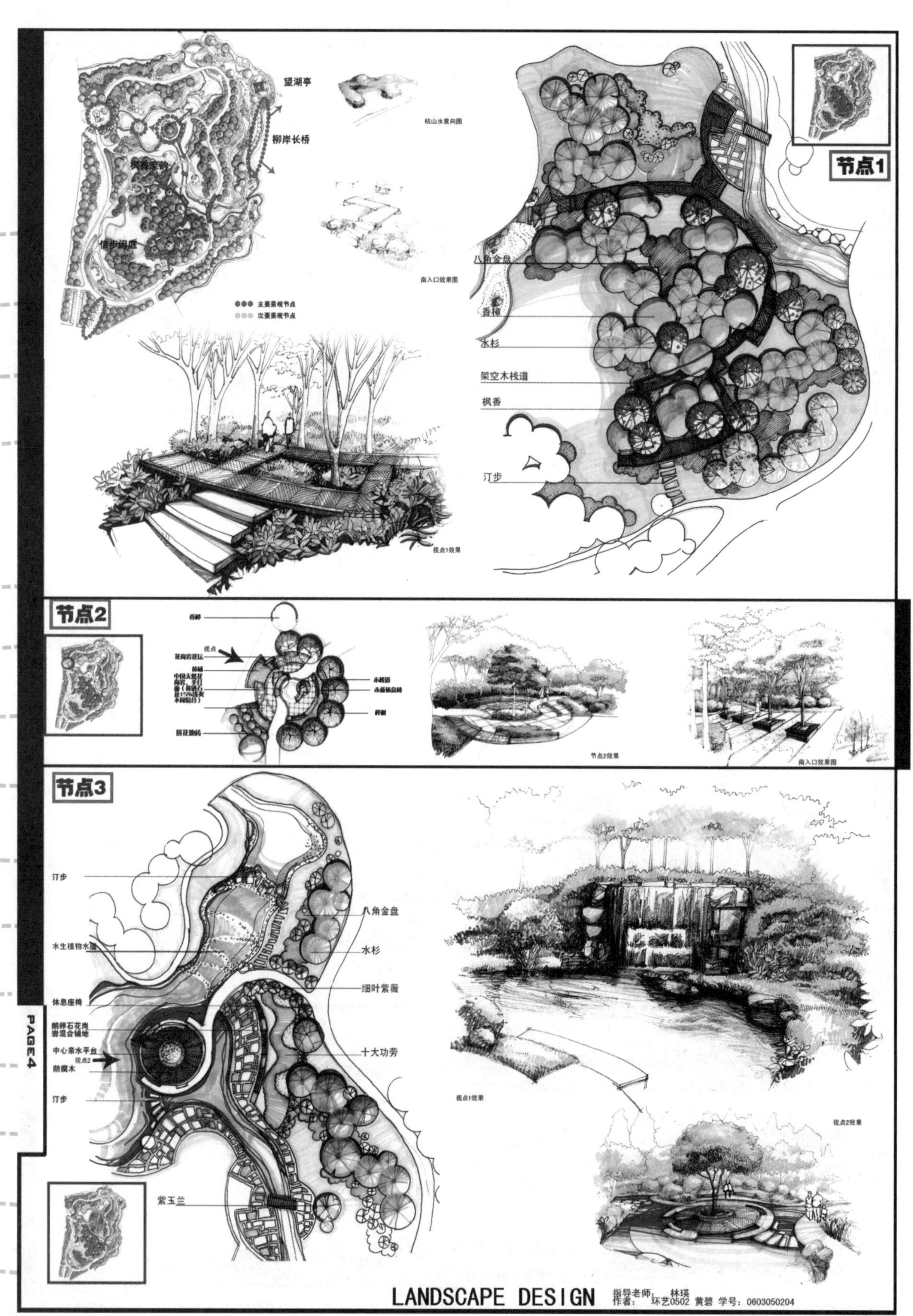
望湖亭
柳岸长桥
枯山水意向图
南入口效果图
节点1
八角金盘
香樟
水杉
架空木栈道
枫香
汀步
视点1效果
节点2
节点2效果
南入口效果图
节点3
汀步
水生植物水池
休息座椅
中心亲水平台
防腐木
八角金盘
水杉
细叶紫薇
十大功劳
紫玉兰
视点1效果
视点2效果
PAGE 4
LANDSCAPE DESIGN
指导老师：林瑛
作者：环艺0502 黄碧 学号：0603050204

图5-31

课题二：城市综合性公园景观设计

训练目的：

在了解景观类别、功能与国内外发展状况及研究优秀景观规划设计实例的基础上，通过本课程学习，巩固加深对景观规划设计的学习与理解，进一步了解城市综合性公园设计方法及相关规划设计规范，培养学生场地调查与分析、立意布局、功能分区、服务设施安排等方面的能力，并独立完成地块的景点设计及植物配置、园路系统与游览路线组织，在兼顾“生态、社会与经济”三大效益统一的同时，充分发挥想象力和创造力，努力营造具有社会、经济、历史、文化、地域特色和空间艺术内涵的现代游憩环境。

城市综合性公园景观设计要点：

城市综合性公园是城市绿地系统的重要组成部分，是市民休闲活动的重要场所。从美国景观设计之父奥姆斯特德主持设计的美国第一个大型综合性公园——纽约中央公园到现在已经150多年了，我们对于城市综合公园已经形成了一整套规划设计方法。首先考虑入口的设计，根据情况可分为主要出入口、次要出入口以及专用出入口等。主要出入口要结合城市景观形象窗口设计，同时安排相当的场地集散人流，停放车辆（机动车和非机动车等），功能服务等等。次要出入口较灵活，专用出入口可结合园务管理区域单独设置。其次，要安排好里面的活动分区，比如儿童活动区尽可能靠近出入口附近，方便快捷到达；老人活动区可位于安静休息区内，也可临近安静休息区，还可结合儿童活动区方便照应，等等。公园中还有各种服务性建筑、设施、小品，要综合、合理地安排，达到经济、适用又美观的效果。现代公园中主要依靠植物景观围合空间、突显环境气氛、形成特色，设计的时候尤其要注意植物选择与合理搭配。

某城市综合性公园A（图5-32）基地分析：

本课题选取某风景旅游城市中的一处重要景观节点上的基地，具有典型性。该基地位于城市西南，紧接市区，也是通往国家级著名风景旅游区以及大学城、高新产业园的序幕所在，两面被城市干道围合，北连某高档居住区，西接城市大型游乐场，可共用停车场，南临风景优美的城市内湖，景观条件极好，远借环抱的群山，欣赏山巅的塔阁，近借广阔的湖面以及风姿绰约的跨湖大桥。分析时要考虑这些因素，研究人流来向，确定出入口方位，研究其地理位置以及在城中的地位，明确其主题立意，既要体现人文积淀深厚的湖的故事，挖掘地方文脉与场所精神，同时，又要塑造与湖周边一系列景观绿地不重复的公园形象。设计过程中一定要注意整体性，本课题需要整体研究周边环境以及地形、植被、服务设施布局、动静分区、开敞空间、半开敞和相对封闭空间等问题后完成其中一个地块的设计。

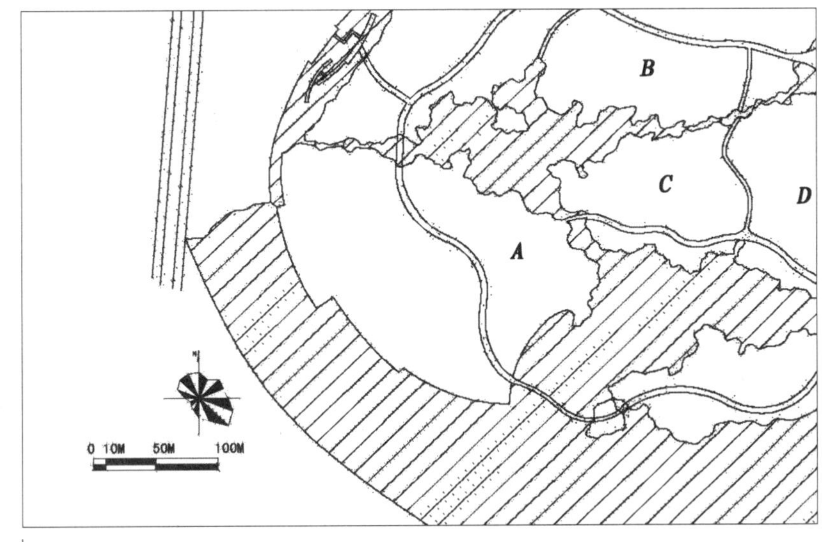

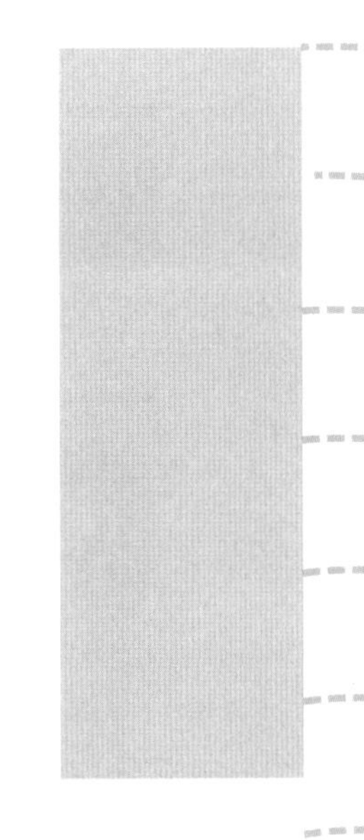

图5-32

作业1点评：（如图5-33）

该方案景观氛围和谐，善于运用植物来营造气氛，分区合理，景点丰富，但是游线安排需再整理，道路等级关系还需进一步理顺，另外，应加强对指北针、比例尺的重视。

图5-33

作业2点评：（如图5-34）

该方案构思角度新颖，创造性地提出旧小说的概念，提出人的参与是景观场所价值得以体现的重要因素，游线顺畅，分区合理，很好地将自然式手法与规则式手法结合。由于该方案对于空间要求较高，所以对于空间的围合还可以进一步研究。

图5-34

作业3点评：（如图5-35）

该方案道路分级明确、流畅，功能分区合理，空间营造和谐，对于林下空间、林间空间乃至开阔空间的处理都比较到位，但是植物配置还需加强，尤其是梯田一处，与外围植被联系未作考虑。

图5-35

作业4点评：（如图5-36）

该方案道路分级明确、流畅，功能分区合理，空间丰富，对于岸线的处理多变，景点氛围和谐，相互呼应，植物种植整体性强，但是对于乔灌草的搭配还可进一步深入。

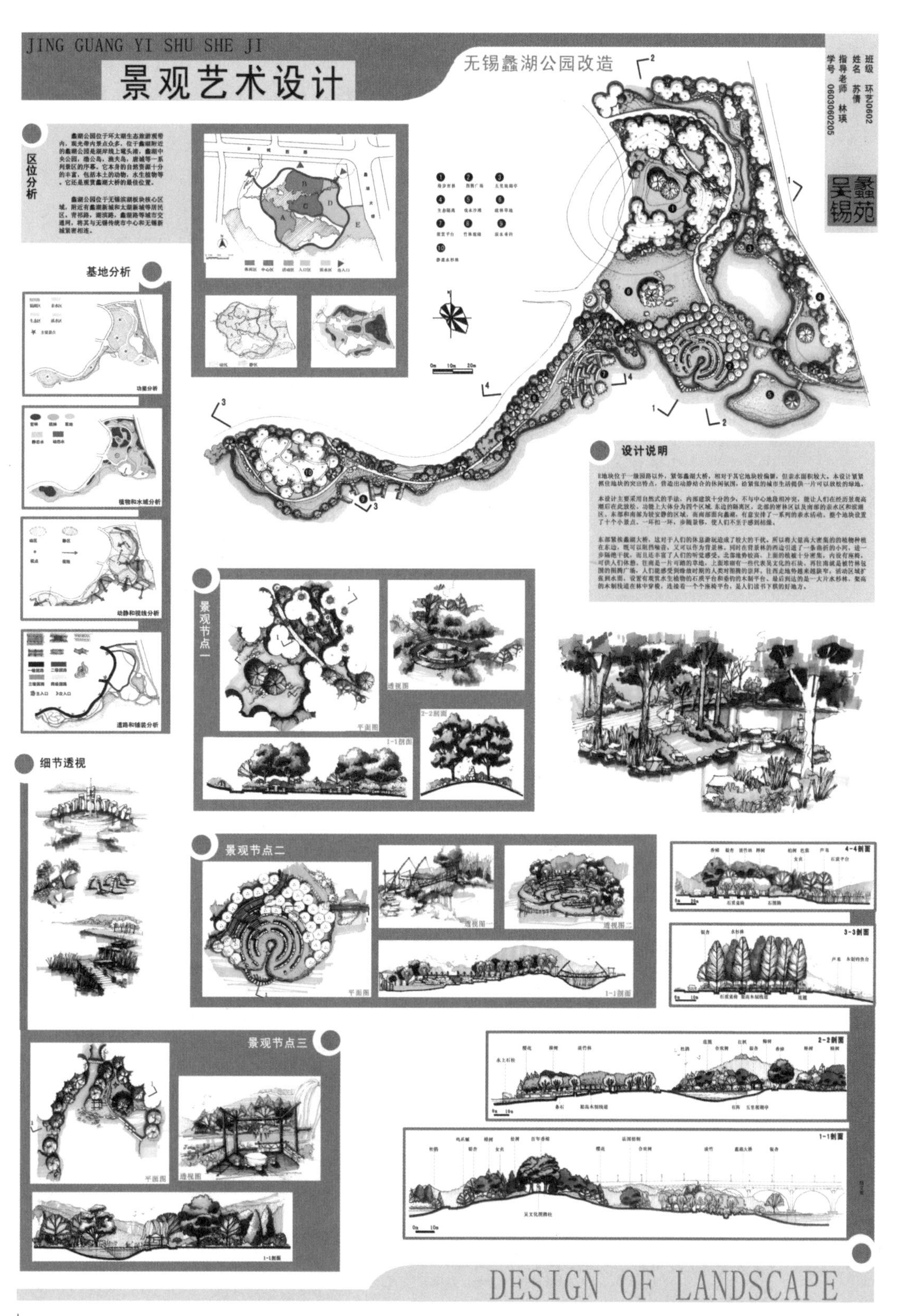

图5-36

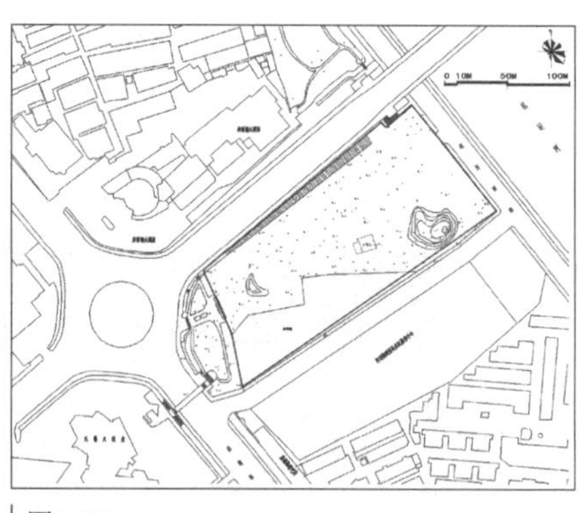
图5-37

某城市综合性公园B（图5-37）基地分析：

本课题选取某风景旅游城市中的一处重要景观节点上的基地，具有典型性。该基地位于一条通向市中心的跨河大桥的引桥以南，同时是一条颇有影响的酒吧街的序幕所在，东与运河隔路相望，西侧及南侧商业氛围浓郁，同时基地西南有一不规则形的地下机动车停车场，场地内还有一餐饮建筑。分析时要考虑这些因素，研究人流来向，确定出入口方位，研究其地理位置以及在城中的地位，明确其主题立意，挖掘地方文脉与场所精神，塑造个性鲜明的公园形象。设计过程中一定要注意整体性。

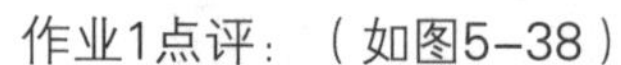

作业1点评：（如图5-38）

该方案构图完整，景观氛围和谐，植物种植疏密得当，能较好运用水体、植被以及道路的隔离功能，分区明确，道路通畅，景点丰富，但对于地下车库与道路交界处的处理可再研究。

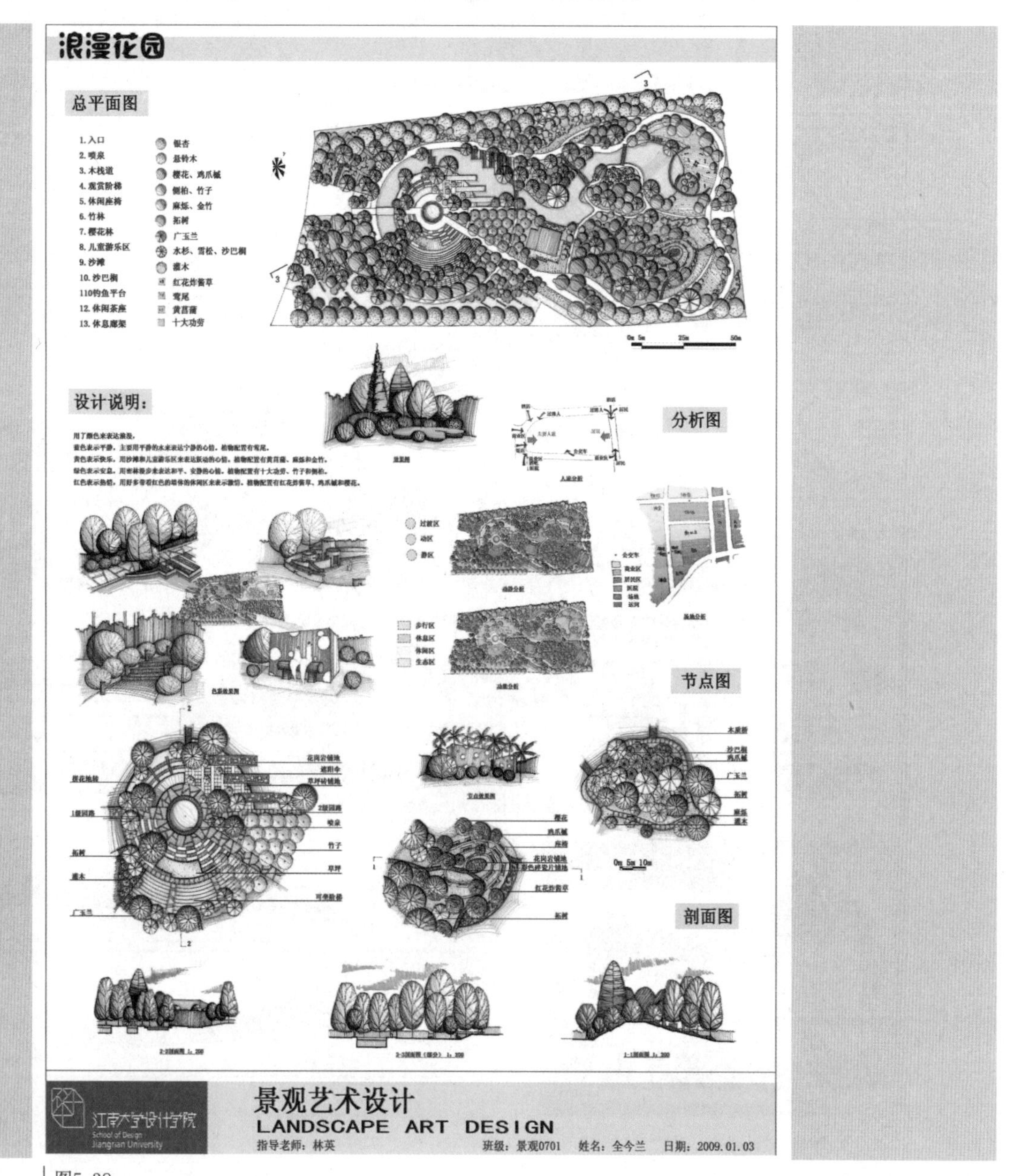

图5-38

作业2点评：（如图5-39）

该方案以水为主题，功能分区明确，道路通畅，景观氛围温馨，利用丰富多变的水体营造河流、溪涧、湖泊、岛屿等艺术形象，并与功能相结合，划分空间、隔离建筑，并将各造景元素与水合理结合，同时还因地制宜利用地下车库顶面创造无水之水景，美中不足是前期分析与表达稍欠。

图5-39

作业3点评：（如图5-40，图5-41）

该方案以“吴水商韵”为主题，景观氛围和谐，功能分区明确，善于运用包括植物在内的各种景观要素造景，并与主题相协调，景观丰富多变，难得的是前期分析完整，剖立面清晰准确、层次丰富，是一个不错的案例，唯一欠缺的是道路系统，尤其运河西路入口的三岔路处理稍嫌不妥。

图5-40

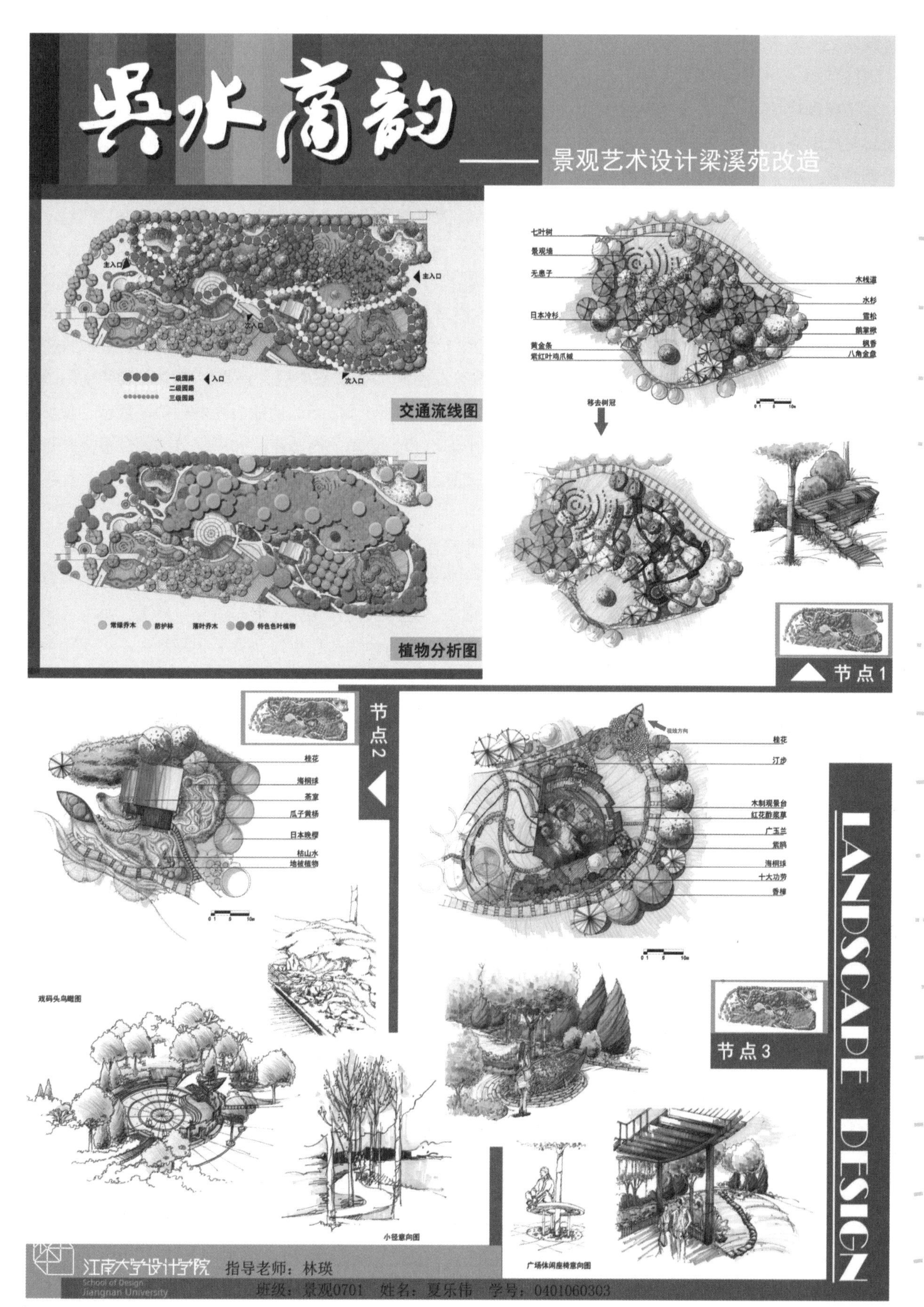
吴水商韵
——景观艺术设计梁溪苑改造
主入口
次入口
一级园路
二级园路
三级园路
入口
交通流线图
常绿乔木
防护林
落叶乔木
特色色叶植物
植物分析图
七叶树
景观墙
无患子
日本冷杉
黄金条
紫红叶鸡爪槭
木栈道
水杉
雪松
鹅掌楸
枫香
八角金盘
移去树冠
节点1
节点2
桂花
海桐球
茶室
瓜子黄杨
日本晚樱
枯山水
地被植物
戏码头鸟瞰图
小径意向图
视线方向
桂花
汀步
木制观景台
红花酢浆草
广玉兰
紫鹃
海桐球
十大功劳
香樟
节点3
广场休闲座椅意向图
LANDSCAPE DESIGN
江南大学设计学院
School of Design Jiangnan University
指导老师：林瑛
班级：景观0701　姓名：夏乐伟　学号：0401060303

图5-41

课题三：城市广场景观设计

训练目的：

在了解景观类别、功能与国内外发展状况及研究优秀景观规划设计实例的基础上，通过本课程学习，进一步了解城市广场设计方法，培养学生独立完成场地调查与分析、立意布局、功能分区、人流分布与走向、景点设计及植物配置、服务设施安排等方面的综合能力，在兼顾“生态、社会与经济”三大效益统一的同时，充分发挥想象力和创造力，努力营造具有社会、经济、历史、文化、地域特色和空间艺术内涵的现代城市开放空间。

城市广场景观设计要点：

广场起源于古代人们的庆典、祭祀等活动。可随追溯到古希腊时期。现代的广场，是以建筑、地形、道路等人工或自然物围合而成的，满足多种社会需求和人类活动的，主要以步行为交通方式的城市户外节点型空间。按性质分可分为：市政广场、纪念广场、交通广场、商业广场、休闲娱乐广场等。现代的广场设计中，我们应该分析广场所处的地理位置，是城市入口、城市节点空间、城市核心区，还是城市中自然环境的边缘地带，研究广场性质、规模，从而选择不同的设计模式。在设计中对于广场的功能力图多种功能复合，使城市广场更活跃；空间处理上力图多层次复合，平面上注意形态选择、边角的凹凸空间和不同分区，立面上处理好上升和下沉空间的情感语言。同时，我们应该尊重地方文脉，注重个性与内涵建设，以人为本，可持续发展。

某城市广场A（如图5-42）基地分析：

本课题所选地块位于江南某市中心区，东、南、北三面被城市道路围合，西临一小学和旧城居住区。基地北道路对侧以商业建筑为主，十字路口还有一小型上升的街头绿地，其下为一个地下商城，基地以东道路对侧为一高档城中居住区，基地以南道路对侧为高层办公建筑。这里交通繁忙，人流车流穿行严重，如何考虑与北侧的街头绿地发生联系，如何合理地缓解学校的接送人流，如何为周边居民以及办公人员提供一处难得的城中休闲放松之所是本课题的关键所在。

作业点评：（如图5-43，图5-44，图5-45）

该同学对于地形的设计具有很好的驾驭能力，方案层次清晰，通过合理的下沉适当地阻隔了来自道路的干扰，同时又对人的心理作了大量详细的研究，通过变化丰富的边界、不同层次的台地，一步一步引导人进入广场中心。该同学对于高差的处理得心应手，利用高差造景，是本方案的一大特色。

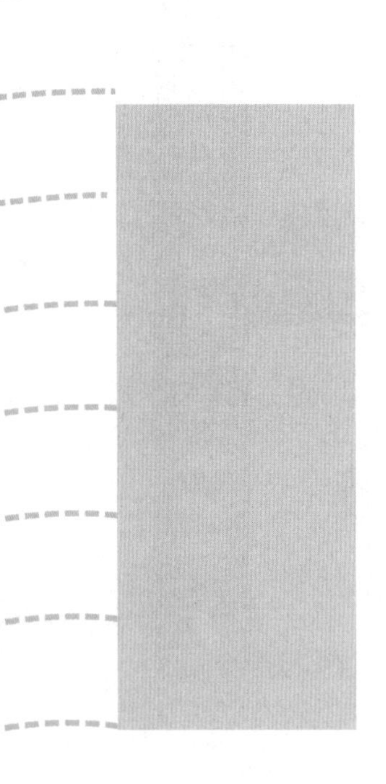

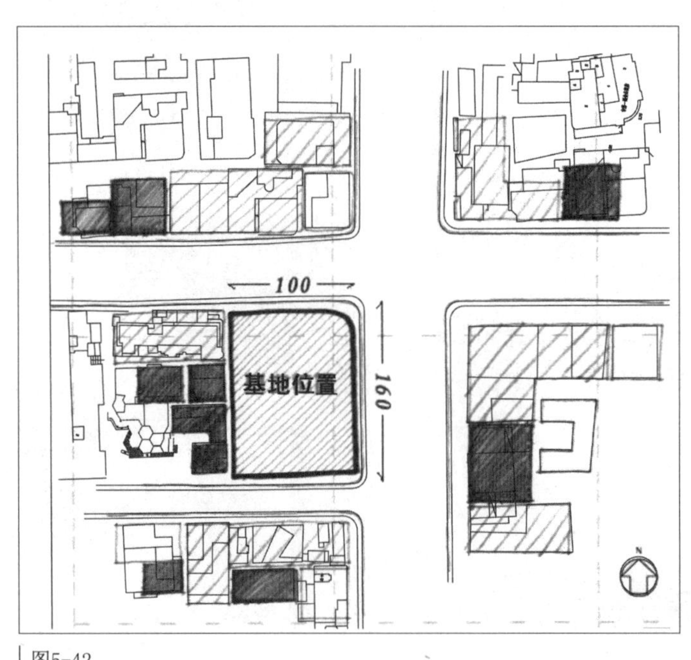

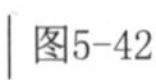
图5-42

城市公共环境设计

地块调研

基地地处无锡人民西路与五爱路交界西南处，处于商业闹市区。

经过调研，个人认为此地块最大的难点：

① 两条主干道相交，就要把不阻碍交通放在首位。

② 过往车辆过多，要面对的污染问题非常之多（噪声污染、空气污染、行人制造等等）。

③ 处于商业地带，处理与商业的关系，发挥其功能。

④ 接临小学，保障孩子的出行安全。

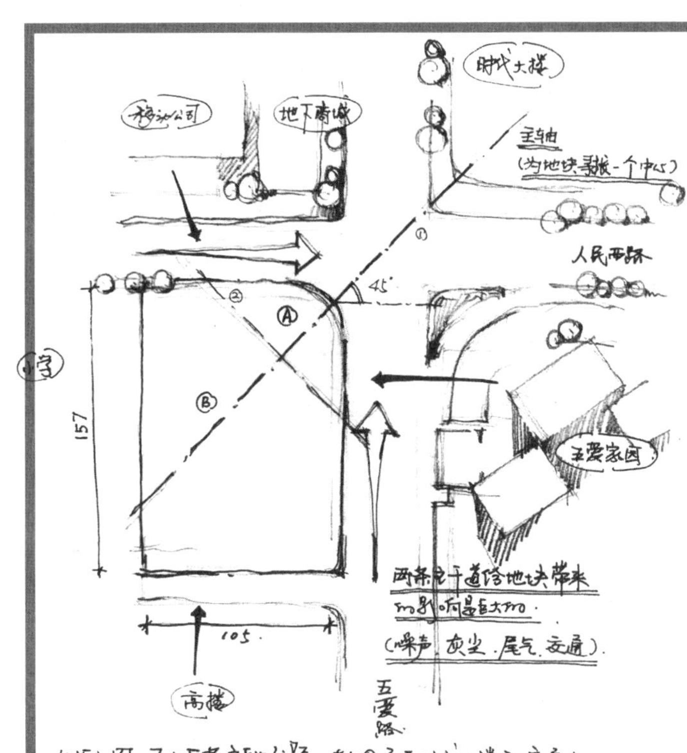

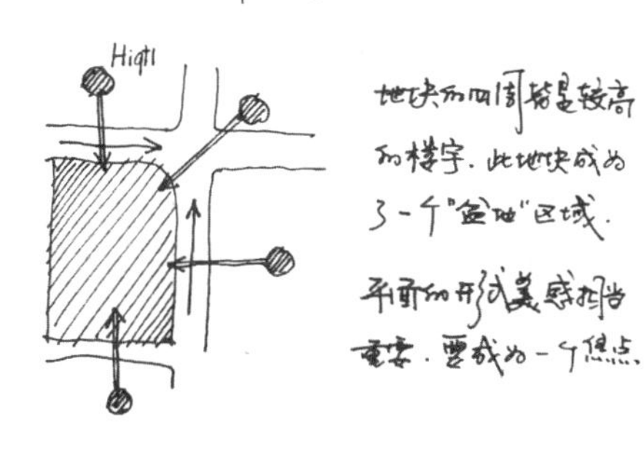

分析如图，可由两条主轴分隔，轴①连接时代大楼和交通中心，进而引入地块，轴②是方便行人穿行的主轴，偏重人性化，则分为了A、B地块，A块为交通中心和B块形成了一个过渡区。

对于设计的初步想法：

根据地块的特征，有了一些初步的思考，首先，从环境的嘈乱程度来看，我认为下沉空间也许会更加的安静、封闭，绿化会更有层次感。

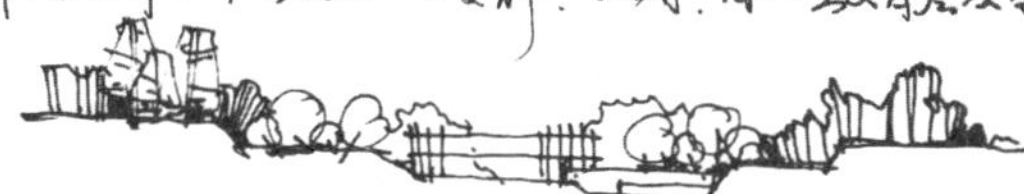

对噪音的阻隔，对空气污染的净化和重视，以及身处其中，在视觉上的需求，下沉空间也是不错的选择。

构思草图

对于形式上的追求，是直线为主，还是曲线为主，成为了风格界定的重要选择。个人认为直线也许更好一些，因为四周的环境并无曲线，不易统一

初步构想

地块现状草图

图5-43

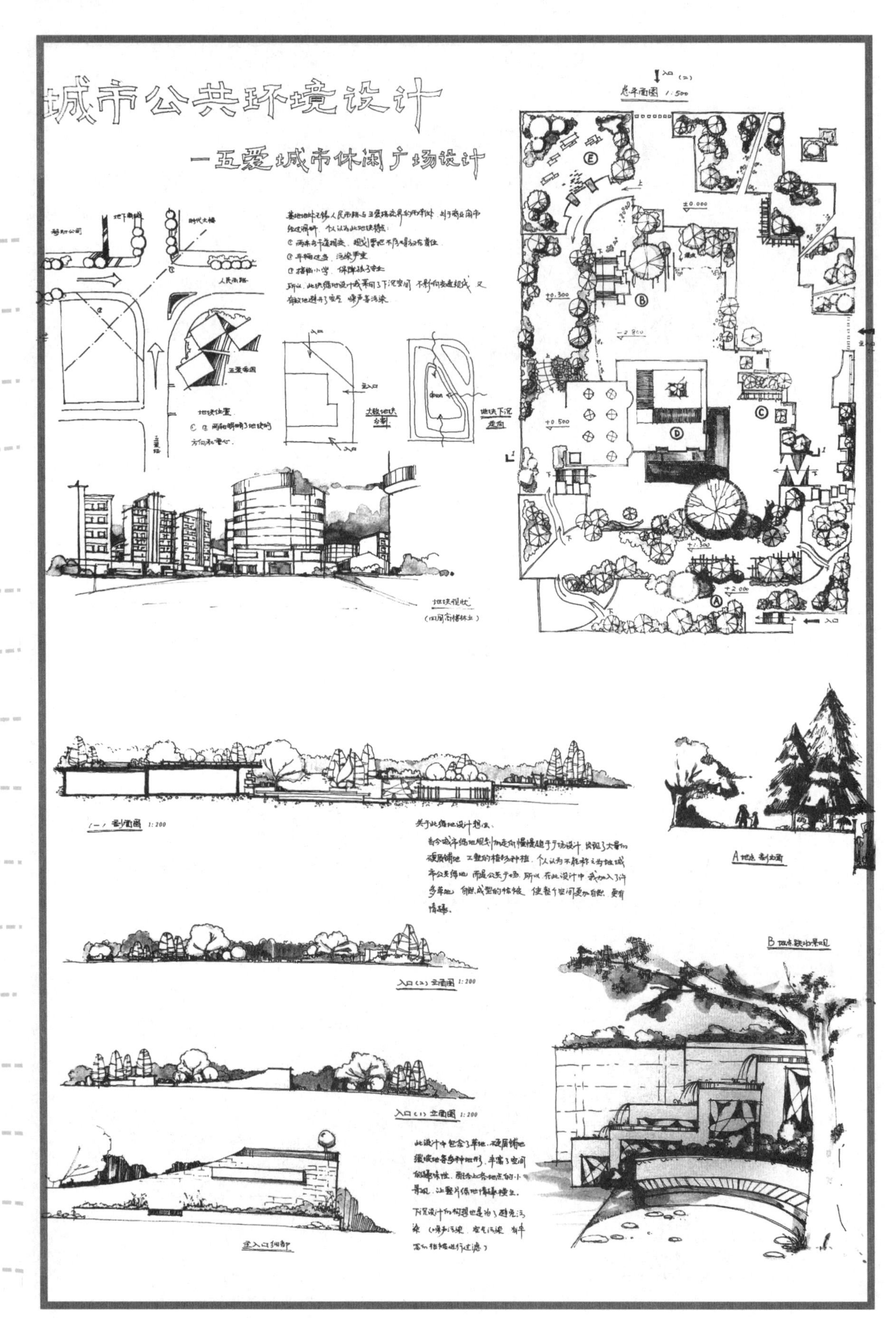
城市公共环境设计
—五爱城市休闲广场设计
总平面图 1:500
剖面图 1:200
入口(2)立面图 1:200
入口(1)立面图 1:200

图5-44

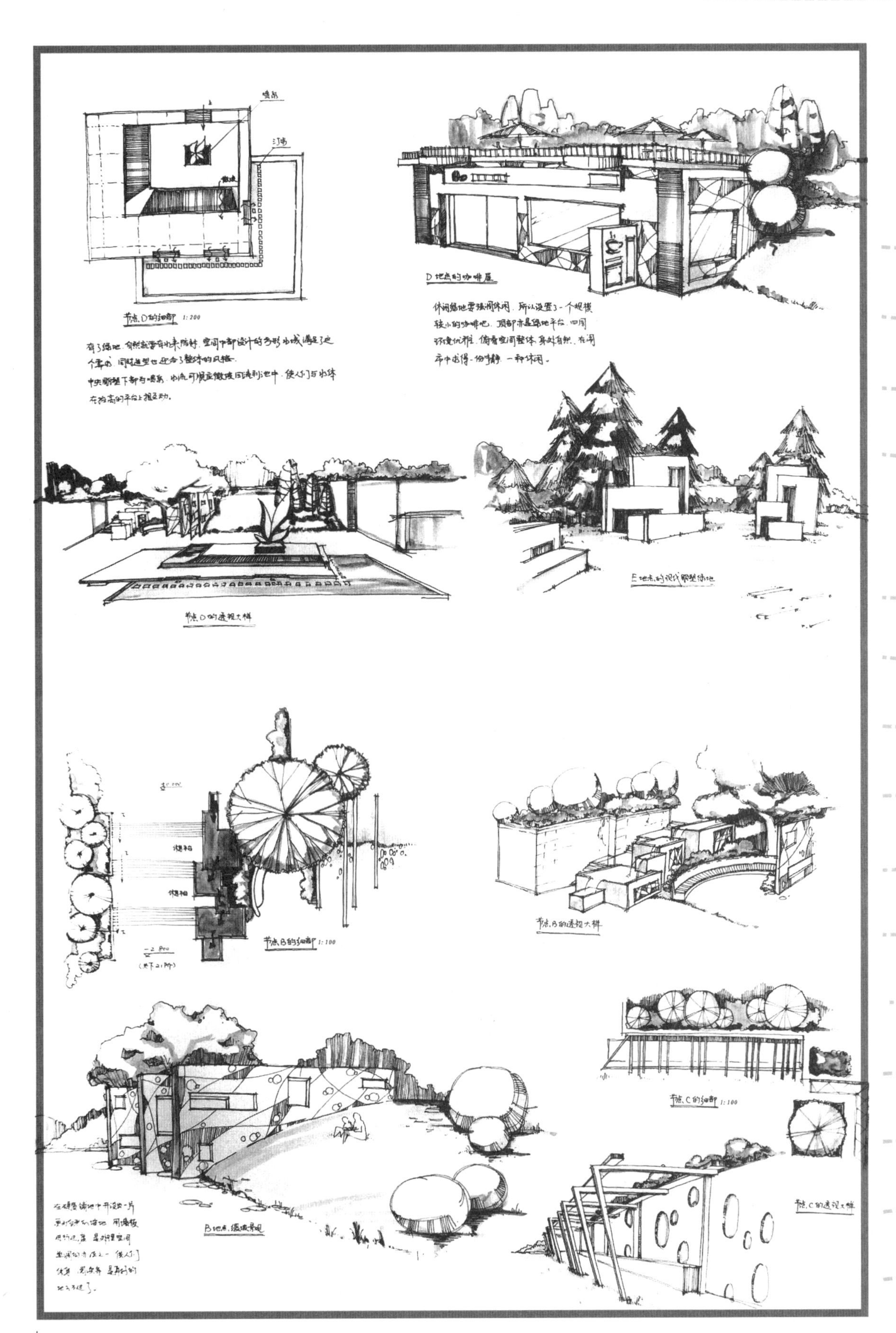
节点D的细部 1:200
有了绿地，自然就需有水来陪衬，空间中部设计的方形水域满足了这个要求，同时造型也迎合了整体的风格。
中央雕塑下部为喷泉，水流可顺应微坡回流到池中，使人们与水体在抬高的平台上相互动。
D地点的咖啡屋
休闲绿地要强调休闲，所以设置了一个规模较小的咖啡吧，顶部亦是绿地平台，四周环境优雅，俯看空间整体，身处自然，在闹市中求得一份宁静，一种休闲。
节点D的透视大样
E地点的现代雕塑绿地
节点B的细部 1:100
节点B的透视大样
节点C的细部 1:100
B地点缓坡景观
节点C的透视大样

图5-45

某城市广场B（如图5-46）基地分析：

本课题所选地块位于江南某市中心区。东邻城市干道，道路另一侧是一处大型的城中公园，需要解决的问题有：如何消除干道对基地的影响、如何接纳城中公园的人流、如何为附近公汽车站的等候人群提供便利等；西侧呈不规则形，与一小学共用围墙，需要解决的问题有：如何做到互不干扰、如何消除不规则边界的影响等；北侧是城中一处重要的文化步行街，需要解决的问题有：如何处理相互关系，互利共生等；南侧隔路有一大型商业建筑也需研究。

作业点评：（如图5-47，图5-48，图5-49，图5-50，图5-51）

该方案考虑到人流的穿行问题，也考虑到不同人群的使用方便问题，分区合理。同时，细节丰富，对每一个小品都精心设计，以求满足整体氛围。尤其是效果图，准确、传神地反映了设计意图。如果剖立面能再详细一些地反映广场的高差起伏将更丰满。

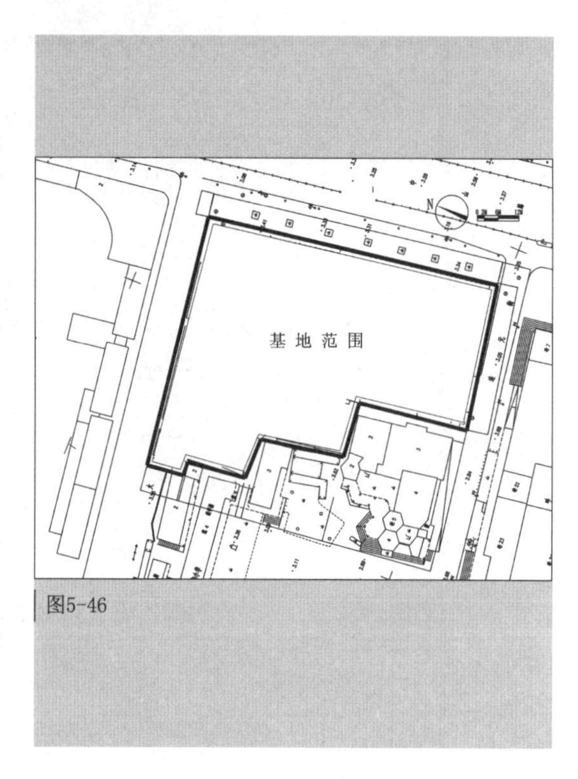

图5-46

图5-47

图5-48

图5-49

图5-50

图5-51

课题四：步行街景观设计

训练目的：

在了解景观类别、功能与国内外发展状况及研究优秀景观规划设计实例的基础上，通过本课程学习，进一步了解城市步行街景观设计方法，培养学生独立完成场地调查与分析、步行街定位、商业氛围营造、功能布局、景点设计及植物配置、服务设施安排等方面的综合能力，保留文化、保留古树，突显特色，在兼顾“生态、社会与经济”三大效益统一的同时，充分发挥想象力和创造力，努力营造具有社会、经济、历史、文化、地域特色和空间艺术内涵的现代城市开放空间。

步行街景观设计要点：

随着商业文化的发展，当代步行街早已突破单纯的购物需求，上升到满足城市生活多元化需求和提高城市生活质量的层面上，几乎成为一个城市的发展、经济、文化、习俗、历史等多方面现状的缩影。当代步行街按封闭与否分，可分为封闭型、开敞型和半街型（由于自然或历史原因形成的只有一侧街面有商业店铺的步行街）；按规模分，可分为街道式和街区式；按地理风貌分，可分为平地型、坡地型、夹河型、滨江型等；按人文风貌分，可分为传统历史街区、现代商业街区，民俗风情街区、主题观光街区（如北京的后海酒吧街）等。不同的步行街设计侧重有所不同，利用原有的自然、人文条件，选择合适尺度、发掘景观特色是步行街设计的关键。具体设计中要注意道路铺装的引导作用，沿街店铺的示范作用，小品、设施等的活跃作用，植物景观的净化作用。使流动人群与休息人群互不干扰，合理选择沿街店铺性质，尽可能多的积极空间，少大银行、大超市等消极空间，并使得店铺在人的舒适视域范围内的形象得到多样统一。小品、设施的设计最能活跃街道气氛，体现街道特色，有的街道在条件允许的情况下，可集中设置设施带，布置电话亭、广告箱、景观照明灯、休息座椅、树池花坛植物带、雕塑小品、指示牌、书报亭等设施，同时注意地面铺装的提示。设施带可位于街道中央，可偏于一侧，可一条、可两条，视情况而定。

某城市步行街（如图5-52）基地分析：

该基地位于江南某旅游城市市中心区，该市在中心区不大的范围内已有两个较大型的步行商业街区，其中一个与基地相邻，该基地周围用地情况复杂，有一所小学、三处文保建筑、四个居住邻里单位，另外还有一个书画协会、一个戏曲博物馆，如何协调各种不同功能用地，如何解决人流问题、停车问题，如何更好地利用已有的建筑文化提升步行街文化品位，是本设计的关键。

作业点评：（如图5-53，图5-54，图5-55）

该同学做了大量的前期分析，对步行街的问题、解决对策都提出了一定见解，最后详细设计其中最重要的一个下沉广场。该方案在对人的使用模式深入研究的基础上，合理划分区域，场地虽小，但是设计手法丰富。美中不足的是对于两棵古树下的空间处理略显单薄，如果层次再丰富一些将会更精彩。

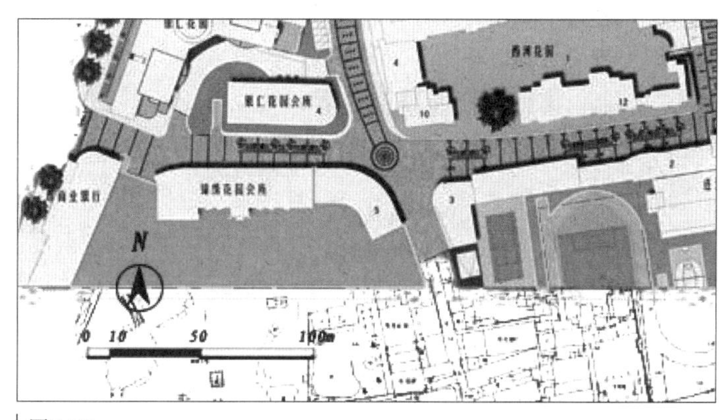

图5-52

城市公共环境设计——大成巷步行街景观改造——分析

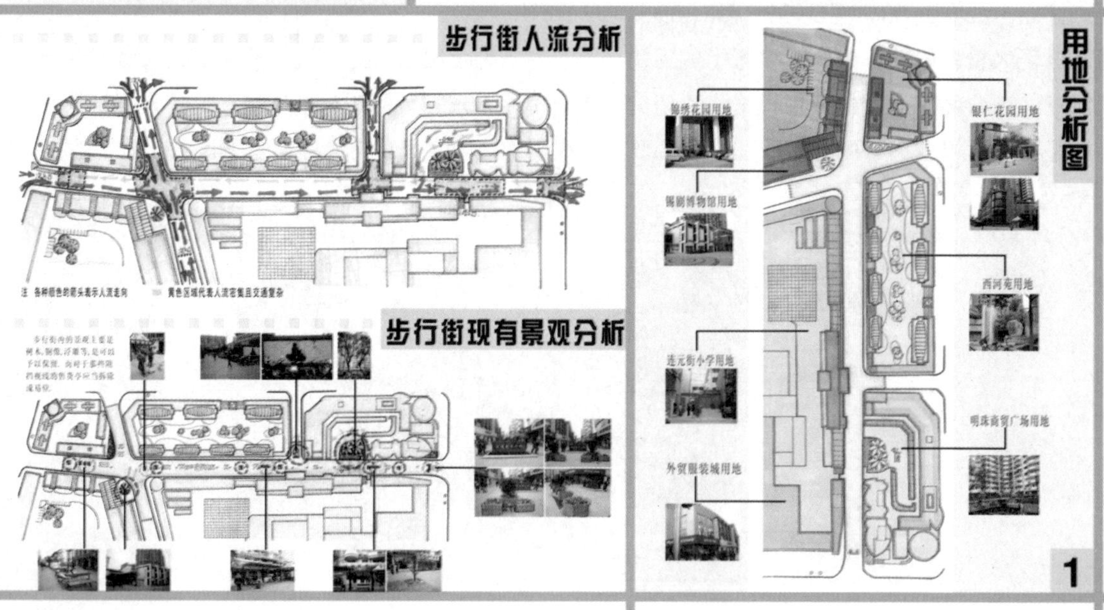

图5-53

城市公共环境设计——大成巷步行街景观改造——方案

班级 环艺0501　　姓名 陈丽　　指导老师 林瑛

方案构思

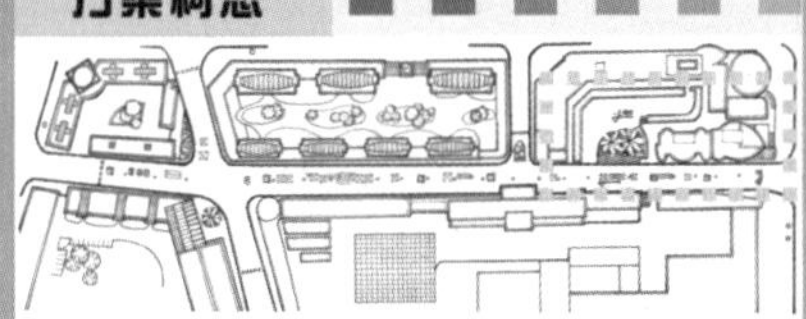

■ 步行街是一个开放的空间，可以说是城市的走廊。随着人们生活水平的提高，象大成巷这样的步行街，已经不再是人们只是为了购物而去的场所，更多的是人们想要找一个休闲，娱乐购物于一体的地方。

■ 针对大成巷步行街现有的状况和存在的问题，有针对性的进行改造。我认为影响步行街状况的主要是停车问题和卫生问题。划出规定的位置停车和有效的管理是很有必要的。步行街的道路并不是很宽，所以步行街内的售货亭可以拆除，让人们在步行街内不会有拥挤的感觉。

■ 上图中黄色的区域是我本次大成巷步行街景观改造的重点区域。这块区域的起点是大成巷步行街的主入口到下沉广场处。

设计说明

■ 针对这一区域的问题，进行有针对的改造，涉及的内容主要有景观，人流，以及功能分区等。

设计原则：

1. 虽然重点改造的是主入口到下沉广场这一部分，但是考虑了整条街的完整性和统一性。
2. 人是活动的主体，所以改造中充分体现以人为本的思想，设立了很多休息座椅，还有一些小景观等，贯穿于整个步行街内，创造一个轻松，舒适的休闲购物环境。
3. 步行街的风格比较简洁，给人足够大的空间，尽量满足人们的要求，缺又不破坏步行街的整体风貌。
4. 对所要改造的区域进行功能分区，主要分成绿地休息区，休闲小吃区，观景平台区，商贸购物区，公共设施区以及交通流动区。通过区域的划分，明确各个区域的功能，让人们适得其所。

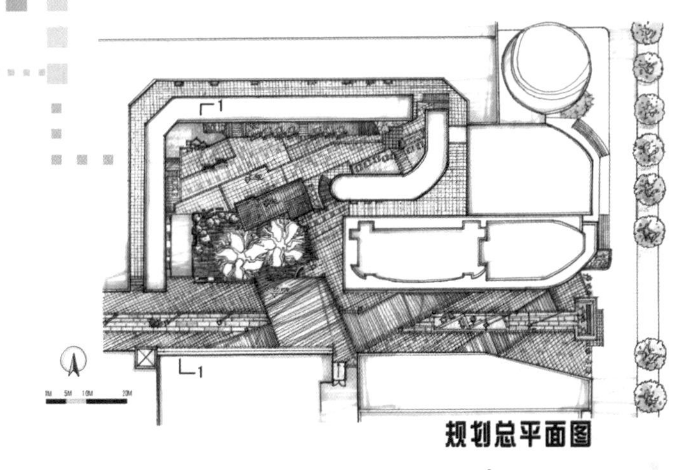

规划总平面图

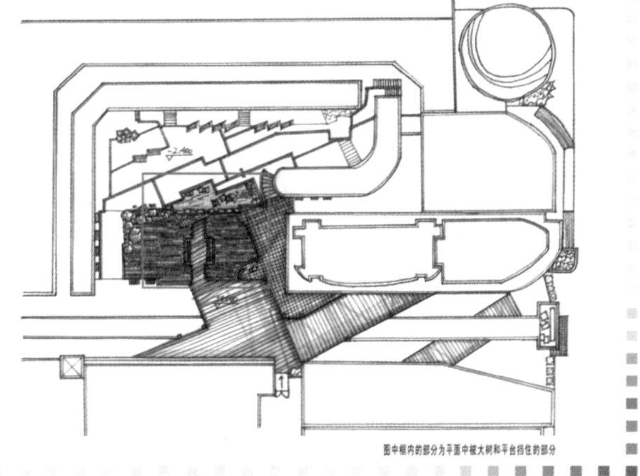

图中框内的部分为平面中被大树和平台挡住的部分

主入口及下沉广场动线分析

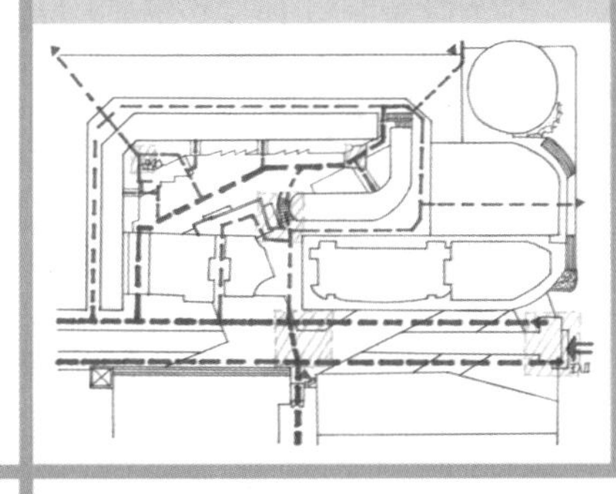

景观节点分析图

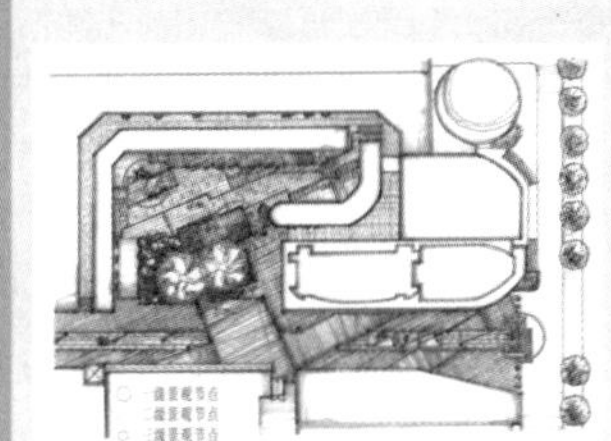

规划结构分析图

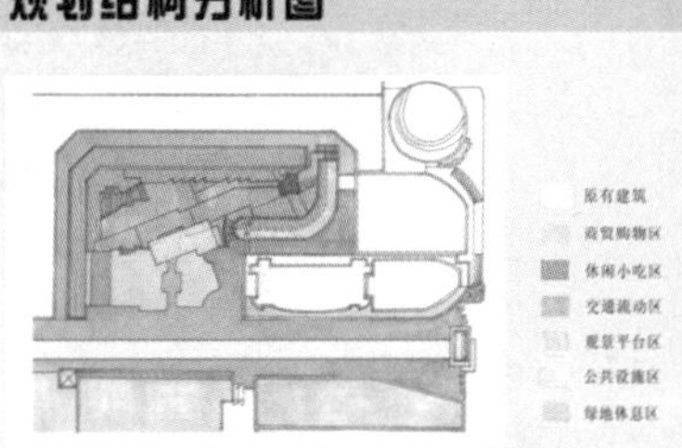

1-1剖面图　1:100

2

图5-54

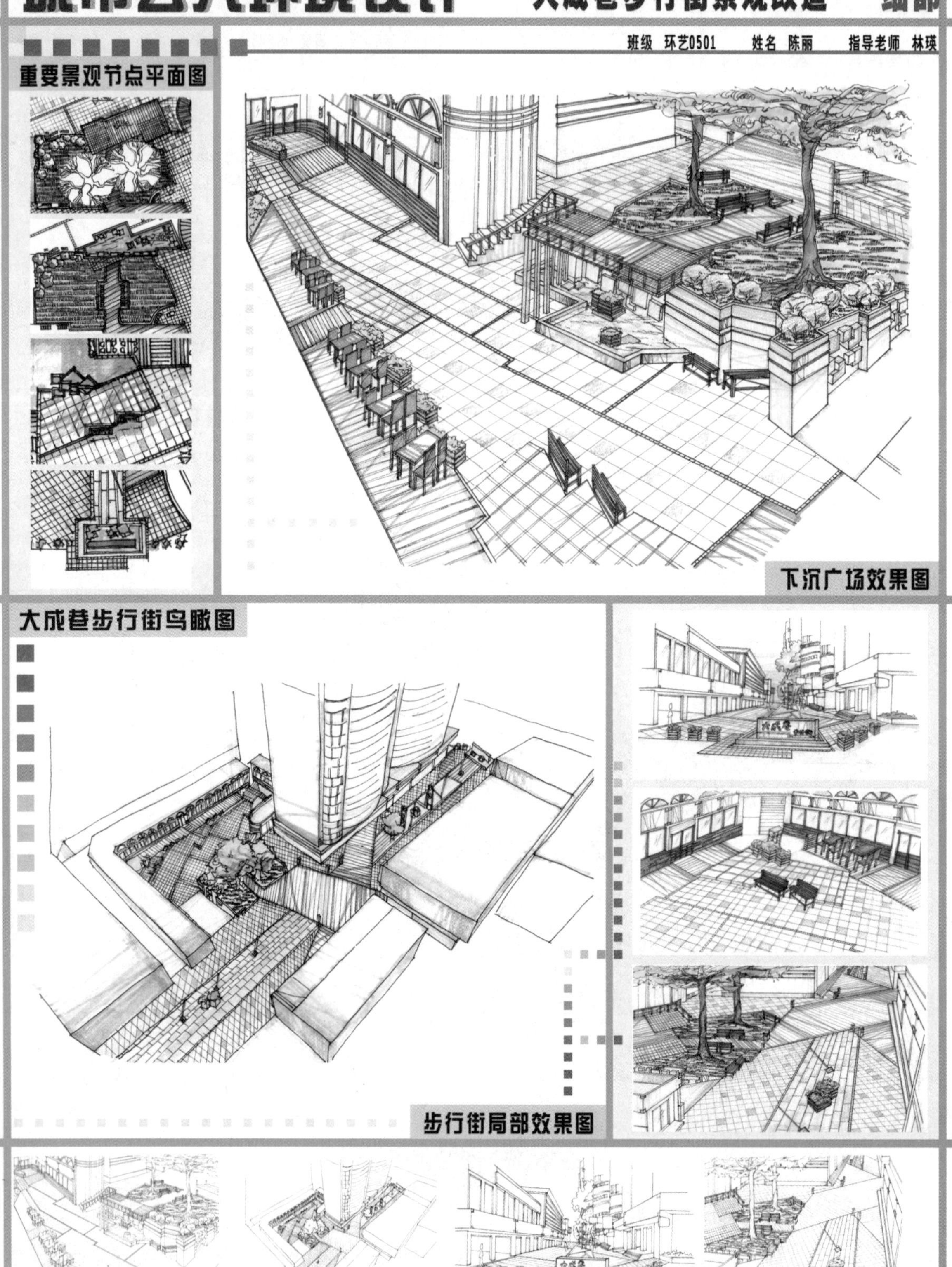
城市公共环境设计——大成巷步行街景观改造——细部
班级 环艺0501 姓名 陈丽 指导老师 林瑛
重要景观节点平面图
下沉广场效果图
大成巷步行街鸟瞰图
步行街局部效果图
3

图5-55

课题五：概念设计

训练目的：

概念设计强调概念。在了解景观类别、功能与国内外发展状况及研究优秀景观规划设计实例的基础上，通过本课程学习，希望培养学生关注现代景观热点问题的能力，充分发挥想象力和创造力，努力营造具有社会、经济、历史、文化、地域特色和空间艺术内涵的现代景观。该训练重在方案的概念上，引导学生敏锐地发现问题、准确地分析问题、合理地解决问题。关注生态的变化、关注社会的发展、关注能源的流失。想象推动未来。

作业1点评：（如图5-56，图5-57）

该方案主题是“城市集约景观”。该同学选取了城市近郊的一块农田改造，创造性地提出建造一个集环保菜场、新鲜农产品采食基地、生态农业种植、生态农业观光等为一体的现代化菜篮子景观工程。该方案想象大胆，细节丰富，对水资源的循环利用，生态意识的潜在教育等考虑周到，一改城市菜场脏乱差的形象，创造了一个“每天都要去，每天都想去的”场所。

图5-56

菜田守望者

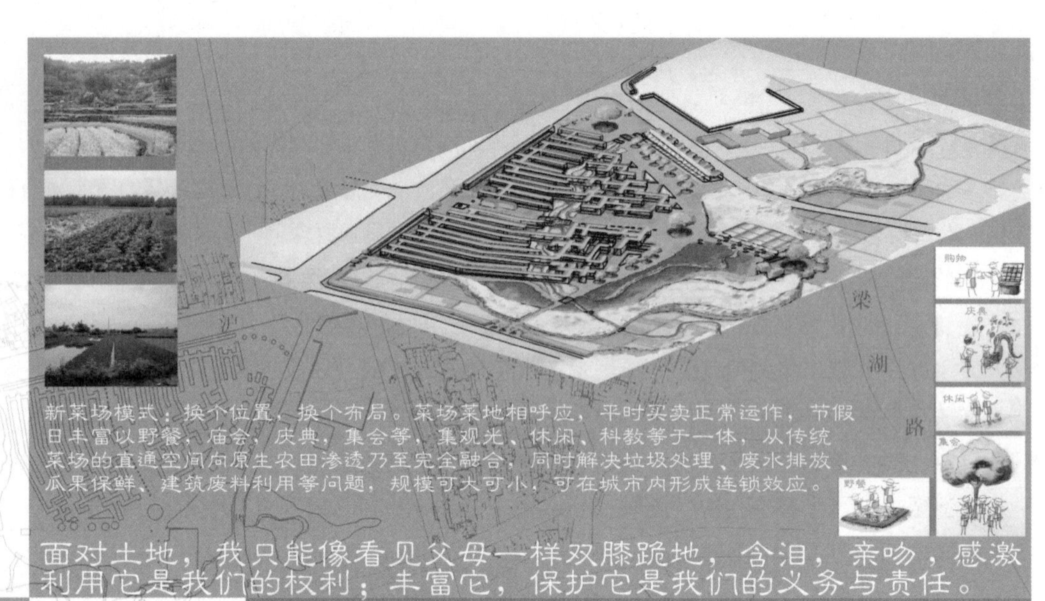

新菜场模式：换个位置、换个布局。菜场菜地相呼应，平时买卖正常运作，节假日丰富以野餐、庙会、庆典、集会等，集观光、休闲、科教等于一体，从传统菜场的直通空间向原生农田渗透乃至完全融合，同时解决垃圾处理、废水排放、瓜果保鲜、建筑废料利用等问题，规模可大可小，可在城市内形成连锁效应。

面对土地，我只能像看见父母一样双膝跪地，含泪，亲吻，感激
利用它是我们的权利；丰富它，保护它是我们的义务与责任。

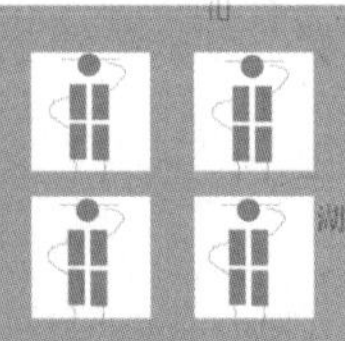

望

畅想未来

布袋推广模式：
菜场专门设计布袋相当于会员卡，拿布袋购物可以打折，抢眼的布袋会引人好奇，促使其前来一探究竟，同时布袋替代塑料袋可减少白色污染，多次用，在推广的同时又达到环保的效果。

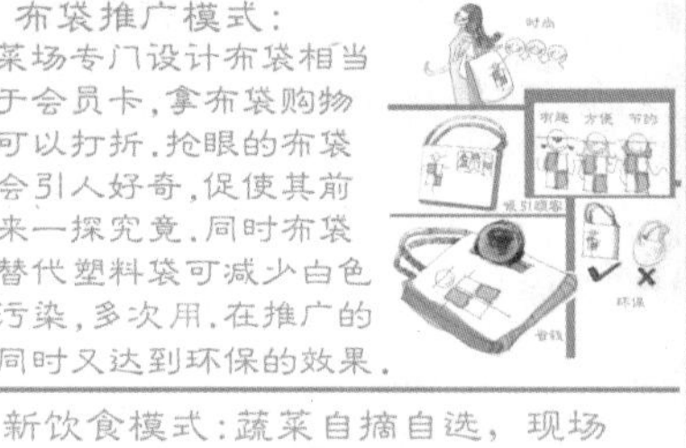

传统空间追忆：
天井，马头墙，
漏窗……

新饮食模式：蔬菜自摘自选，现场烹饪，制作手册，景观牌提供美食食谱及蔬果营养价值分析，引导人们正确饮食，实验田与大棚中种植新品种蔬菜供人参观。向大众普及易懂的农业知识。

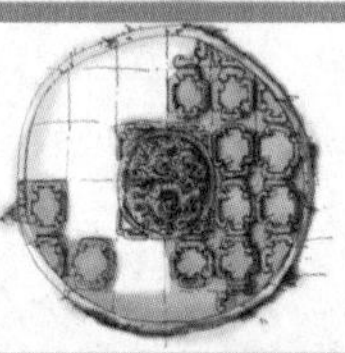

变废为宝
景观小品
品味景观

废金属焊成的三轮车框架
麻布袋做成的标示，可以将地图印在上面

废金属，稻草，旧衣服做成稻草人

废金属做成蔬果直接放在废柱上，既可作观赏又可作标示

废旧墙角嵌一块金属标明二十四节气作为景观引导

根据当地服饰特点做成花坛，地灯及装饰店面

生于此，属于此，美于此

每天都要去 每天都想去

图5-57

作业2点评：（如图5-58）

该方案主题是“印记”，是对工业文明的记忆。该同学选取了城中一块废弃的棉纺厂旧址改造，利用现存建筑拆除、整理、修饰、完善，重点设计建筑外环境，采用直线的方式安排交通流线，展现工业时代的记忆，同时利用那个年代的材料以及纺织厂原有机器零部件造景，创造了一个回忆历史的特色场所。

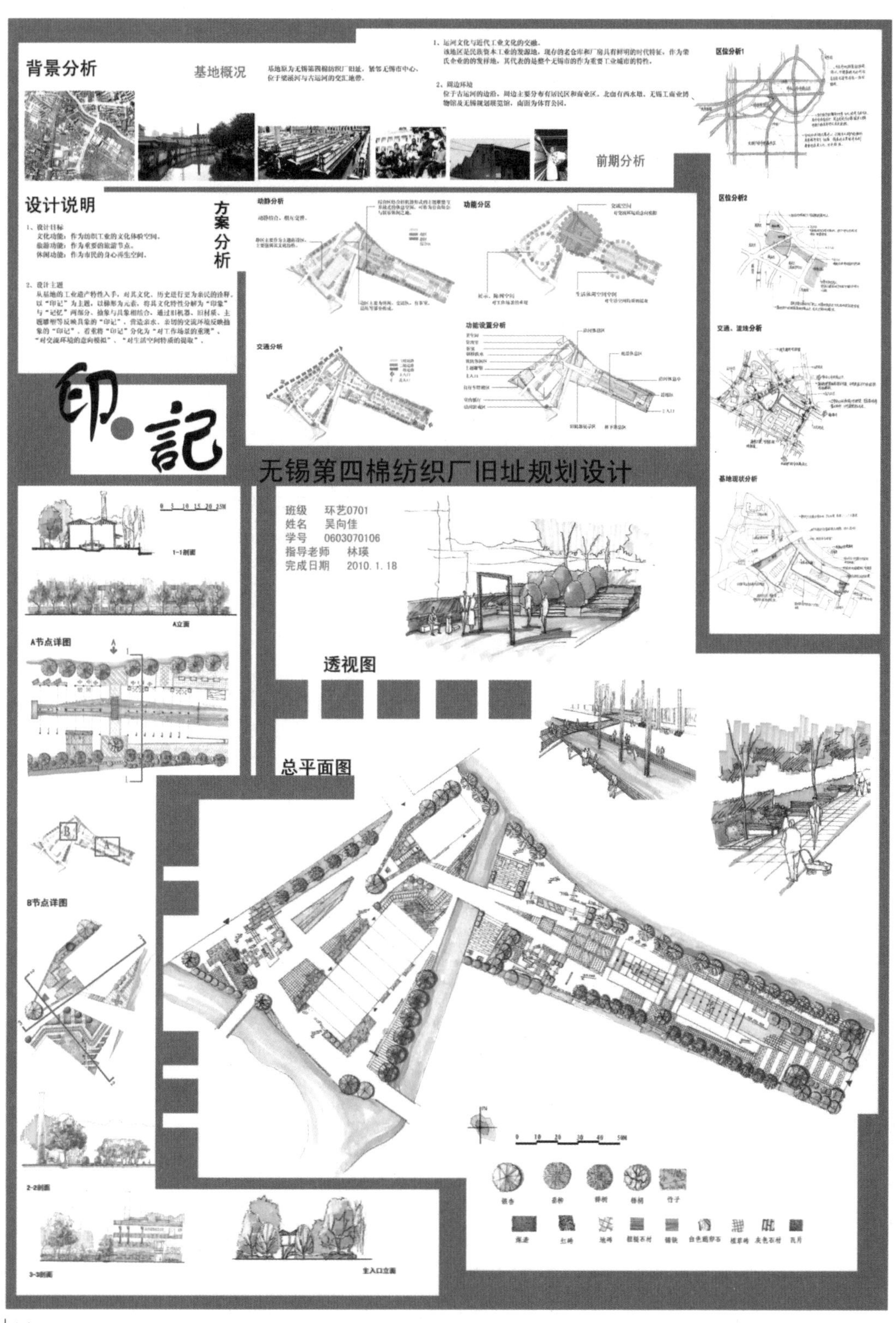

图5-58

参考文献

[1] 俞孔坚．景观的含义．时代建筑，2002

[2] 俞孔坚．走向新景观．建筑学报，2006（5）

[3] 杜汝俭，李恩山，刘管平主编．园林建筑设计．中国建筑工业出版社，1986

[4] 张承安．中国园林艺术词典．湖北人民出版社，1994

[5] 钟蜀珩．色彩构成．中国美术学院出版社，1994

[6] 余柏春．城市设计感性原则与方法．中国城市出版社，1997

[7] 唐学山，李雄，曹礼昆编著．园林设计．中国林业出版社，1997

[8] 王珂，夏健，杨新海．城市广场设计．东南大学出版社，1999

[9] 周维权．中国古典园林史．清华大学出版社，1999

[10] 林玉莲，胡正凡．环境心理学．中国建筑工业出版社，2000

[11] 西蒙兹著．俞孔坚，王志芳，孙鹏等译．景观设计学．中国建筑工业出版社，2000

[12] 王向荣，林菁．西方现代景观设计的理论与实践．中国建筑工业出版社，2002

[13] 俞孔坚．景观设计：专业学科与教育．中国建筑工业出版社，2003

[14] 西蒙·贝尔著，王文彤译．景观设计的视觉要素．中国建筑工业出版社，2004

[15] 金煜主编．园林制图．化学工业出版社，2005

[16] 中国建筑装饰协会编．景观设计师培训考试教材．中国建筑工业出版，2006

[17] 尹吉光主编．图解园林植物造景．机械工业出版社，2007

[18] 邓毅著．城市生态公园规划设计方法．中国建筑工业出版社，2007

[19] 史明．景观艺术设计．江西美术出版社，2008